上海市工程建设规范

园林绿化工程施工质量验收标准

Standard for construction quality acceptance of landscape engineering

DG/TJ 08-701-2020
J 10042-2020

主编单位：上海市绿化和市容管理局
批准部门：上海市住房和城乡建设管理委员会
施行日期：2020年9月1日

同济大学出版社

2020　上海

图书在版编目(CIP)数据

园林绿化工程施工质量验收标准/上海市绿化和市容管理局主编. —上海:同济大学出版社,2020.8
ISBN 978-7-5608-9349-5

Ⅰ.①园… Ⅱ.①上… Ⅲ.①园林-绿化-工程施工-工程验收-质量标准-中国 Ⅳ.①TU986.3-65

中国版本图书馆CIP数据核字(2020)第131622号

园林绿化工程施工质量验收标准

上海市绿化和市容管理局　主编

策划编辑	张平官
责任编辑	朱　勇
责任校对	徐春莲
封面设计	陈益平
出版发行	同济大学出版社　www.tongjipress.com.cn
	(地址:上海市四平路1239号　邮编:200092　电话:021-65985622)
经　销	全国各地新华书店
印　刷	浦江求真印务有限公司
开　本	889mm×1194mm　1/32
印　张	4
字　数	108000
版　次	2020年8月第1版　2020年8月第1次印刷
书　号	ISBN 978-7-5608-9349-5
定　价	35.00元

本书若有印装质量问题,请向本社发行部调换　　版权所有　侵权必究

上海市住房和城乡建设管理委员会文件

沪建标定〔2020〕145 号

上海市住房和城乡建设管理委员会
关于批准《园林绿化工程施工质量验收标准》
为上海市工程建设规范的通知

各有关单位：

由上海市绿化和市容管理局主编的《园林绿化工程施工质量验收标准》，经我委审核，现批准为上海市工程建设规范，统一编号为 DG/TJ 08－701－2020，自 2020 年 9 月 1 日起实施。原《园林绿化工程施工质量验收规范》(DG/TJ 08－701－2008)同时废止。

本规范由上海市住房和城乡建设管理委员会负责管理，上海市绿化和市容管理局负责解释。

特此通知。

上海市住房和城乡建设管理委员会
二〇二〇年三月三十日

前　言

本标准是编制组根据《关于印发〈2015年上海市工程建设规范编制计划〉的通知》(沪建管〔2014〕966号)的要求,在认真总结实践经验,并广泛征求意见的基础上,修订而成。

本标准共7章6附录,主要内容包括:总则、术语、基本规定、栽植工程、园林小品工程、园林电气安装工程、园林给排水工程等。

本次修订的主要内容包括:①对基本规定进行了调整、完善和补充;②对栽植工程进行了调整、完善和补充;③对园林小品工程进行了调整、完善和补充;④新增园林电气安装工程章节;⑤新增园林给排水工程章节。

为了提高本标准的质量,请各单位在执行本标准的过程中,注意总结经验,积累资料,随时将有关的意见和建议反馈给上海市绿化和市容管理局(地址:上海市胶州路768号;邮编:200020;E-mail:708961089@qq.com),或上海市建筑建材业市场管理总站(地址:上海市小木桥路683号;邮编:200032;E-mail:bzglk@zjw.sh.gov.cn),以供今后修订时参考。

主 编 单 位:上海市绿化和市容管理局
参 编 单 位:上海市绿化和市容(林业)工程管理站
　　　　　　上海园林(集团)有限公司
　　　　　　上海申迪园林投资建设有限公司
　　　　　　上海市园林工程有限公司
　　　　　　上海园林绿化建设有限公司
　　　　　　上海临港漕河泾生态环境建设有限公司
　　　　　　上海绿地环境科技(集团)股份有限公司

主要起草人: 徐　忠　朱振清　周艺烽　陈　动　李素霞
　　　　　　李　矗　陈鑫标　张寅媛　罗小艳　洪隽琰
　　　　　　周　坤　叶素芬　顾燕飞　杨　勇　王彧村
　　　　　　陆春晖　蔡　虎　董尚斌　胡佳麒　王宝华
　　　　　　周建强　方海兰　张敬沙　蒋琳琳
主要审查人: 张　浪　涂秋风　周慧安　许菁华　张冬梅
　　　　　　贾　虎　黄建荣

上海市建筑建材业市场管理总站

2020年3月

目 次

1 总 则 1
2 术 语 2
3 基本规定 4
　3.1 质量行为的要求 4
　3.2 工程质量验收的划分 4
　3.3 验收程序和组织 5
　3.4 质量验收基本要求 5
4 栽植工程 8
　4.1 一般规定 8
　4.2 栽植基础 8
　4.3 植物材料 10
　4.4 苗木挖掘、装运和假植 15
　4.5 苗木修剪 18
　4.6 乔灌木栽植 20
　4.7 花坛、花境与地被植物栽植 22
　4.8 草坪建植 23
　4.9 水生植物栽植 25
　4.10 立体绿化栽植 27
　4.11 施工期养护 30
5 园林小品工程 32
　5.1 一般规定 32
　5.2 广场和路面铺装 32
　5.3 假山叠石工程 38
　5.4 理水工程 41

5.5	园林木构件工程	49
5.6	园林设施安装	53
6	园林电气安装工程	54
6.1	一般规定	54
6.2	电缆敷设	54
6.3	园林灯具安装	59
6.4	配电柜、控制柜和配电箱的安装	62
6.5	通电试验	62
7	园林给排水工程	64
7.1	一般规定	64
7.2	沟槽开挖	64
7.3	给水管道安装	65
7.4	排水管道安装	67
7.5	收水井、支管	69
7.6	沟槽回填	70
7.7	喷灌系统的安装	71

附录A 园林绿化单位工程、分部(子分部)工程、分项工程划分 …… 72

附录B 园林绿化分项工程质量验收项目和要求 …… 73

附录C 园林绿化单位工程质量竣工验收 …… 80

附录D 隐蔽工程验收记录表 …… 85

附录E 苗木成活率统计表 …… 86

附录F 假山基础及土方工程验收表 …… 87

本标准用词说明 …… 88

引用标准名录 …… 89

条文说明 …… 91

Contents

1 General provisions ·· 1
2 Terms ·· 2
3 Basic regulations ··· 4
  3.1 Requirements for quality behavior ···················· 4
  3.2 Division of engineering quality acceptance ········· 4
  3.3 Procedures and organization of project acceptance
      ··· 5
  3.4 Basic requirements for quality acceptance ········· 5
4 Planting engineering ··· 8
  4.1 General requirements ······································ 8
  4.2 Basis engineering of planting ··························· 8
  4.3 Plants ·· 10
  4.4 Digging and transporting and temporary storage for
      plants ·· 15
  4.5 Tree pruning before planting ··························· 18
  4.6 Trees and shrubs planting ······························· 20
  4.7 Flower beds, flower borders and ground cover planting
      ··· 22
  4.8 Lawn building ·· 23
  4.9 Aquatic plants planting ··································· 25
  4.10 Green building planting ································· 27
  4.11 Maintenance of planting during construction period
       ··· 30

5 Garden ornaments engineering ·············· 32
  5.1 General requirements ················· 32
  5.2 Square and pavement ················ 32
  5.3 Specification for rockery laying ············ 38
  5.4 Layout waters engineering ··············· 41
  5.5 Garden wood component engineering ·········· 49
  5.6 Garden facilities installation ············· 53
6 Garden electrical installation engineering ········· 54
  6.1 General requirements ················· 54
  6.2 Cable laying ···················· 54
  6.3 Landscape lighting installation ············ 59
  6.4 Installation of distribution cabinet and control cabinet
     ·························· 62
  6.5 Power-on test ···················· 62
7 Garden water supply and drainage engineering ······· 64
  7.1 General requirements ················· 64
  7.2 Trench excavation ·················· 64
  7.3 Water supply pipe installation ············· 65
  7.4 Sprinkler irrigation system installation ········ 67
  7.5 Drainage pipe installation ··············· 69
  7.6 Trench backfill ··················· 70
  7.7 Water collecting well and branch pipe ········· 71
Appendix A Diving of unit project, divisional project and
         itemized project for landscaping engineering
         ························ 72
Appendix B Quality acceptance items and requirements of
         landscape sub-project ··············· 73
Appendix C Acceptance reports for project quality ········ 80

Appendix D   Acceptance record table for concealed works
.... 85
Appendix E   Statistical table of seedling survival rate 86
Appendix F   Appearance quality evaluation form of mountain
             building engineering 87
Explanation of wording in this standard 88
List of quoted standards 89
Explanation of provisions 91

1 总　则

1.0.1 为加强本市园林绿化工程施工质量管理，规范工程施工技术，统一本市园林绿化工程施工质量检验、验收标准，确保工程质量，制定本标准。

1.0.2 本标准适用于本市新建、扩建、改建的各类园林绿化工程的施工质量控制和验收。

1.0.3 园林绿化工程施工质量的验收除应执行本标准的规定外，尚应符合国家、行业和本市现行有关标准的规定。

2 术 语

2.0.1 园林绿化工程 landscape engineering
绿地中栽植工程、园林小品工程、园林电气安装工程、园林给排水工程和园林建筑工程的总称。

2.0.2 主控项目 dominant item
园林绿化工程中对安全、卫生、环境保护和公众利益以及植物生长起决定性作用的检验项目。

2.0.3 一般项目 general item
除主控项目以外的检验项目。

2.0.4 栽植土 planting soil
理化性状良好,适宜于园林植物生长的土壤。

2.0.5 有效土层厚度 effective soil thickness
能提供植物根系正常生长发育所需的土壤厚度,单位为厘米(cm)。

2.0.6 土壤改良 soil improvement
针对土壤的不良性状,采取相应的物理、生物或化学措施,改善土壤性状,提高土壤肥力,保证植物的成活率和生长势,以及改善土壤环境的过程。

2.0.7 有机覆盖物 mulch
以绿化植物废弃物等为原料直接铺设或经初步加工后铺设于土表,具有保温、保湿、防止土壤板结或起美化等作用的均匀碎块或颗粒物质。

2.0.8 容器苗 seedling in container
利用各种容器培育的苗木。

2.0.9 胸径 diameter of trunk

乔木主干距离地表面1.3m处的直径。

2.0.10 地径 diameter of trunk at ground level

苗木主干距离地表面15cm处的直径。

2.0.11 滴灌系统 trickle irrigation

利用管道将水通过孔口或滴头送到植物根部进行局部灌溉的系统。

2.0.12 构件绿墙 component green wall

将栽培容器、栽培基质、灌溉装置和植物材料集合设置成可以拼装的单元，依靠固定支架灵活组装在墙面上的垂直绿化类型。

2.0.13 墙面贴植 wall planting

利用枝条柔韧性强、耐修剪的植物，辅以牵引固定等措施，使植物枝叶附着在建（构）筑物墙面的垂直绿化类型。

2.0.14 塑山 man-made rock work

用人工材料塑造成的仿真山石。

2.0.15 假山面板 rockery panel

是指钢筋栅格与周围钢筋焊接而成的预制假山模板。

3 基本规定

3.1 质量行为的要求

3.1.1 园林绿化工程应进行设计,并出具完整的施工图设计文件。

3.1.2 施工单位应具备相应的资信和符合相关规定的人员配备,并应建立安全和质量保证体系。

3.1.3 施工单位应编制施工组织设计并经审查批准,施工单位应按相关施工技术规程和已审定的施工技术方案施工,并对施工全过程实行安全和质量管理与控制。

3.1.4 施工单位应遵守园林绿化工程管理和园林绿化施工安全质量标准化管理的规定。

3.2 工程质量验收的划分

3.2.1 园林绿化工程的质量验收划分应符合下列规定:

    1 园林绿化工程的质量应按单位工程、分部(子分部)工程和分项工程划分。

    2 单位工程:具备独立施工条件并能形成完整景观效果的园林绿化工程;大型园林绿化工程可以分一个或以标段为单位的若干个单位工程。

    3 分部工程:按工程的专业性质划分。

    4 子分部工程:当分部工程较大或较复杂时,可按工种类别、材料种类等划分为一个或若干个子分部工程。

    5 分项工程:按主要施工工艺、材料进行划分。

3.2.2 园林绿化工程的单位工程、分部(子分部)工程、分项工程可按附录A进行划分。

3.3 验收程序和组织

3.3.1 分项工程应由专业监理工程师或建设单位项目技术负责人组织施工单位项目技术负责人等进行验收。

3.3.2 分部(子分部)工程应由总监理工程师或建设单位项目负责人组织施工单位项目负责人和技术负责人等进行验收。

3.3.3 单位工程应由建设单位组织设计、施工、监理等单位项目负责人进行验收。

3.3.4 当参加验收各方对工程质量验收意见不一致时,可由园林绿化工程质量监督机构进行调解。

3.3.5 园林绿化工程质量验收合格后,建设单位应在规定时间内将工程验收报告和有关文件报市园林绿化建设行政管理部门备案。

3.4 质量验收基本要求

3.4.1 园林绿化工程的质量验收,应按检验批、分项工程、分部(子分部)工程、单位工程的顺序进行。

3.4.2 园林绿化工程质量验收应符合现行行业标准《园林绿化工程施工及验收规范》CJJ 82中工程质量验收的规定。

3.4.3 本标准的分项工程、分部(子分部)工程、单位工程质量等级应为"合格"。

3.4.4 检验批质量验收应符合下列规定:

　　1 主控项目应全部合格;一般项目,当采用计数检验时,除有专门要求外,合格点率应达到80%及以上,且不合格点的最大偏差值不得大于规定允许偏差值的1.5倍。

2 应具有完整的施工操作依据、质量检查记录。

3.4.5 分项工程验收应符合下列规定：

1 分项工程质量验收的项目和要求，应符合附录 B 的规定。

2 分项工程所含的检验批，均应符合合格质量的规定。

3 分项工程所含的检验批的质量验收记录应完整。

3.4.6 分部（子分部）工程、单位工程质量验收应符合现行行业标准《园林绿化工程施工及验收规范》CJJ 82 中分部（子分部）工程、单位工程的验收规定。

3.4.7 园林绿化工程的检验批、分项工程、分部（子分部）工程的质量验收记录应符合现行行业标准《园林绿化工程施工及验收规范》CJJ 82 中的检验批、分项工程、分部（子分部）工程的质量验收规定。

3.4.8 园林绿化单位工程质量竣工验收应符合下列规定：

1 单位工程所含分部（子分部）工程的质量均应验收合格。

2 单位工程质量竣工验收报告应符合附录 C.0.1 的要求。

3 单位工程质量验收记录应符合附录 C.0.2 的要求。

4 质量控制资料应完整并符合附录 C.0.3 的要求。

5 单位工程所含分部工程有关安全和功能的检测资料应完整，并符合附录 C.0.4 的要求。

6 单位工程观感质量应符合附录 C.0.5 的要求。

3.4.9 当园林绿化工程质量不符合要求时，应按下列规定进行处理：

1 经返工或整改处理的检验批应重新进行验收。

2 经有资质的检测单位检测鉴定能够达到设计要求的检验批，应予以验收。

3 经有资质的检测单位检测鉴定达不到设计要求，但经原设计单位和监理单位认可能够满足植物生长要求、安全和使用功能的检验批，可予以验收。

4 经返工或整改处理的分项、分部工程，虽然降低质量或改变外观尺寸但仍能满足安全使用、基本的观赏要求并能保证植物成活,可按技术处理方案和协商文件进行验收。

3.4.10 通过返修或整改处理仍不能保证植物成活、基本的观赏和安全要求的分部工程、单位(子单位)工程,严禁验收。

4 栽植工程

4.1 一般规定

4.1.1 绿化用表土应保护和再利用,表土的收集、剥离、堆放、再利用应符合现行上海市地方标准《绿化用表土保护和再利用技术规范》DB31/T 661 的规定。

4.1.2 城市搬迁地、垃圾填埋场、工业用地等区域土壤应按设计要求进行修复和改良。

4.1.3 盐碱地应采取治碱排盐工程措施,重盐碱、重黏土的土壤改良应符合现行行业标准《园林绿化工程施工及验收规范》CJJ 82 的规定。

4.1.4 大规格乔木移植应使用苗圃培育的苗木,应制定专门的技术方案和安全生产预案,并取得建设单位(监理单位)认可,选备大规格乔木工作应与建设单位(监理单位)共同进行。

4.1.5 绿化栽植工程应编制养护管理计划,并按计划认真组织实施。

4.2 栽植基础

Ⅰ 主控项目

4.2.1 栽植土应符合下列规定:

1 栽植土有效土层厚度应符合现行行业标准《园林绿化工程施工及验收规范》CJJ 82 的规定,除有地下空间顶板绿化或屋顶绿化的特殊区域,栽植土有效土层下应无不透水层。

2 绿化栽植或播种前应对该地区栽植土进行取样送样检测,栽植土的技术指标、取样送样以及检测方法应符合现行行业标准《绿化种植土壤》CJ/T 340 的规定。

3 栽植土改良材料应采用有机基质或有机肥进行改良,有机基质应符合现行国家标准《绿化用有机基质》GB/T 33891 的要求,有机肥应符合现行行业标准《有机肥料》NY 525 的要求。

4.2.2 栽植土表层整理应符合现行行业标准《园林绿化工程施工及验收规范》CJJ 82 的规定。

检验方法:观察,尺量。

检验数量:每 10000m² 检查 5 处,不足 10000m² 的不少于 3 处。

Ⅱ 一般项目

4.2.3 地形造型应符合下列规定:

1 范围、厚度、标高、平整度及造型均应符合设计要求。

2 土山堆置高度应与堆置范围相适应,符合自然安息角设置坡度,保持土体稳定。当超过土壤的自然安息角时,应采取护坡、固土或防冲刷等措施。

3 密实度应符合设计要求,设计无要求时控制在 90% 以上。

4 尺寸和高程允许偏差应符合现行行业标准《园林绿化工程施工及验收规范》CJJ 82 的规定。

检验方法:观察和尺量,检查记录单。

检验数量:每 10 000m² 检查 5 处,不足 10 000m² 的不少于 3 处。

4.2.4 屋顶绿化的栽植土宜采用轻质土,轻质土荷载应符合设计要求。

检验方法:观察,核查检测报告、材料合格证书、设计资料。

检验数量:按面积抽查 10%,每 2000m² 为 1 点。

4.3 植物材料

Ⅰ 主控项目

4.3.1 植物材料的品种、规格及数量应符合设计要求。

检验方法:检查和对照图纸中的植物材料的品种、规格以及数量,检查苗木出圃单、核查苗木进场验收记录。

4.3.2 植物材料应通过检疫,且有植物检疫证明材料,严禁使用带有严重病虫害的植物材料,非检疫对象的病虫害危害程度或危害痕迹不得超过树体的5%。

检验方法:观察,核查植物材料的植物检疫证、植物检疫证检查情况表。

检验数量:全数检查。

Ⅱ 一般项目

4.3.3 非容器苗乔木植物材料的外观检验要求和检验方法应符合表4.3.3-1的规定;容器苗乔木植物材料的外观检验要求和检验方法应符合表4.3.3-2的规定。

表 4.3.3-1 非容器苗乔木植物材料的
外观检验要求和检验方法

项次	项目	检验要求	检验方法	检验数量
1	姿态和长势	树冠较完整,分枝合理,生长势良好	观察、量测	每100株检查10株,每株为1点,总检数不得少于10点,少于100株按10株抽查
2	病虫害	基本无病虫害		
3	苗木根系	土球规格、根系展幅基本达标;土球较完整,包装牢固;裸根苗不劈裂,根系完整,切口平整		

表4.3.3-2 容器苗乔木植物材料的外观检验要求和检验方法

项次	项目		检验要求	检验方法	检验数量
1	姿态和生长势	树冠	苗木高度、胸径、冠幅比例匀称、适度；树冠形态应对称、饱满，形态偏差小于20%，无大空隙，无明显受风力、虫害等因素造成的损害	观察、量测	全数检查
		叶片	叶片的大小、颜色和外观一致，叶片无发育不良、畸形、变色等		
		主干及分枝结构	主干明显挺直，无伤口（除正常修剪的伤口外），无裂缝、刻划区；无特殊要求，净干高不应超过树干高度的40%；主干应居中，其中心偏离角度应小于15°，分枝生长点有序，呈放射状生长，主、从枝比例适度；分枝直径不能超过主干直径2/3；分枝点应符合该品种生物学特性，分枝、小枝充足、饱满，分枝点不能低于规定的净干高，主侧枝的连接点处无异常		
2	病虫害		叶片应无病虫害；树干无虫害、虫瘿、溃疡等病虫害迹象；根部无生物的伤害（昆虫、病原体等）		
3	苗木根系		根系完整有活力，发育良好，无缠绕，无生物剂伤害（除草剂的毒性、盐害、灌溉过剩等）		

4.3.4 乔木材料规格允许偏差和检验方法有约定的应符合约定要求，无约定的应符合表4.3.4的规定。

4.3.5 行道树植物材料应符合下列规定：

1 选苗应符合现行上海市工程建设规范《行道树栽植技术规程》DG/TJ 08-53的规定，应至少保留三级以上自然分叉，不得使用截干苗。

2 机非隔离带或中央分车带上的苗木分枝点应控制在3.2m以上。

3 行道树的规格允许偏差应符合表4.3.4的规定。

检验方法：观察、量测。

检验数量：每100株检查10株，每株为1点，少于100株全数检查。

表4.3.4 乔木材料规格允许偏差和检验方法

项次	项目		允许偏差(cm)	检验方法	检验数量
1	胸径(cm)		≤5.0	量测	每100株检查10株,每株为1点,少于100株全数检查
			5.0~10.0		
			−0.5		
			10.0~15.0		
			−0.8		
			15.0~20.0		
			−1.0		
			>20.0		
			−2.0		
2	高度(cm)	针叶	≤300.0		
			+50.0,−20.0		
			>300.0		
			−30.0		
		阔叶	150.0~250.0		
			+50.0,−20.0		
			250.0~450.0		
			+50.0,−30.0		
			>450.0		
			±50.0		
3	冠幅(cm)		≤200.0		
			−10.0		
			200.0~300.0		
			−20.0		
			>300.0		
			−30.0		

注:1 栽植数量应全数清点并与设计要求或苗木清单核对。
  2 允许偏差上限是指广场乔木、行道树等对整体性要求较高的绿地植物偏差值。

4.3.6 非容器灌木植物材料的外观检验要求和检验方法应符合表4.3.6-1的规定;容器灌木植物材料的外观检验要求和检验方法应符合表4.3.6-2的规定。

表4.3.6-1 非容器灌木植物材料的外观检验要求和检验方法

项次	项目	检验要求	检验方法	检验数量
1	姿态和长势	树冠较完整,分枝合理,生长势良好,木质化程度应满足成活和生长的要求	观察,量测	每100株检查10株,每株为1点,且不少于10点,少于100株全数检查
2	病虫害	基本无病虫害		
3	苗木根系	土球规格、根系展幅基本达标;土球较完整,包装牢固,裸根苗不劈裂,根系完整,切口平整,规格符合要求		

表4.3.6-2 容器灌木植物材料的外观检验要求和检验方法

项次	项目		检验要求	检验方法	检验数量
1	姿态和长势	形态	形态饱满,株型浓密,基部枝条茂盛	观察	全数检查
		叶片	叶片尺寸、颜色以及外观须为该苗木品种在该生长阶段该时节的典型标准;不应存在矮化、畸形、破碎或褪色(萎黄或坏死)或其他非典型特征		
2	病虫害		叶片应无害虫或疾病;根部无生物伤害(病原体等)		
3	苗木根系		根系完整有活力,发育良好,无缠绕,无生物剂伤害(除草剂的毒性、盐害、灌溉过剩等)		

4.3.7 灌木植物材料规格允许偏差和检验方法有约定的应符合约定要求,无约定的应符合表4.3.7的规定。

表4.3.7 灌木植物材料规格允许偏差和检验方法

项次	项目			允许偏差(cm)	检验方法	检验数量
1	一般灌木	高度(cm)	≤50	−5	量测	每100株检查10株,每株为1点,少于100株全数检查
			50~100	−10		
			100~200	−15		
			>200	−20		
		冠径(cm)	≤50	−5		
			50~100	−10		
			100~200	−15		
			>200	−20		

续表 4.3.7

项次	项目		允许偏差(cm)	检验方法	检验数量
2	球类灌木	冠径(cm) <50	0	量测	每100株检查10株,每株为1点,少于20株全数检查
		50～100	－5		
		100～200	－10		
		>200	－20		
		高度(cm) ≤50	0		
		50～100	－5		
		100～200	－10		
		>200	－20		
3	棕榈类植物	株高(cm) ≤100	+50,－0	量测	每100株检查10株,每株为1点,少于20株全数检查
		101～250	+50,－10		
		250～400	+50,－20		
		>400	+50,－30		
		地径(cm) ≤10	－1		
		10～40	－2		
		>40	－3		

注:1 栽植数量应全数清点并与设计要求或苗木清单核对。
  2 棕榈类植物筒径离地15cm计。
  3 允许偏差上限是指广场等对整体性要求较高的绿地植物偏差值。

4.3.8 花坛、花境的花卉质量应符合现行上海市工程建设规范《花坛、花境技术规程》DG/TJ 08－66 的规定。

检验方法:观察。

检验数量:按数量抽查10%,每10株为1点,不少于5点,少于50株全数检查。

4.3.9 草坪的外观质量检验要求和检验方法应符合表 4.3.9 的规定。

表 4.3.9 草坪的外观质量检验要求和检验方法

项次	项目	检验要求	检验方法	检验数量
1	一般型草坪	生长苗壮、无杂草和病虫危害症状	观察，量测	按面积抽查10%，500m² 为1点，不少于3点
2	观赏型草坪	生长苗壮、草色纯正均匀、质感好、无杂草和病虫危害症状		
3	运动型草坪	生长苗壮、草色纯正均匀、质感好、脚感平整、无杂草和病虫害症状		

4.3.10 水生植物材料的根、茎、叶应发育良好，植株健壮；湿生类及挺水类应具有健壮的根茎；漂浮类的根应能悬浮于水中。

检验方法：观察。

检验数量：每 100 株检查 10 株，少于 100 株全数检查。

4.3.11 立体绿化植物材料应符合现行上海市工程建设规范《立体绿化技术规程》DG/TJ 08－75 的规定。

检验方法：观察。

检验数量：每 100 株检查 10 株，少于 100 株全数检查。

4.4 苗木挖掘、装运和假植

Ⅰ 主控项目

4.4.1 苗木挖掘应符合现行上海市工程建设规范《园林绿化植物栽植技术规程》DG/TJ 08－18 的规定。

检验方法：观察和尺量检查，检查施工记录。

检验数量：按数量抽查 10%，每 10 株为 1 点，不少于 5 点，少于 50 株全数检查。

4.4.2 乔木植物挖掘的土球应符合下列规定：

1 应保留多数根系。

2 土球应完整无破损，包扎形式应保证牢固，防止破碎。

3 栽植季节的土球直径应为乔木胸径的 6～8 倍，非栽植季节的土球应为乔木胸径的8~10倍,土球厚度应为土球直径的2/3。

检验方法:观察和尺量检查,检查施工记录。

检验数量:按数量抽查10%,每10株为1点,不少于5点,少于50株全数检查。

4.4.3 灌木植物挖掘的土球、根盘、容器应符合下列规定:

1 应保留多数根系。

2 土球应完整无破损,土球包扎形式应保证牢固,防止破碎。

3 土球或根盘或容器的规格应符合表4.4.3-1、表4.4.3-2和表4.4.3-3的规定。

表4.4.3-1 非容器苗灌木带土球或根盘规格

冠径(cm)	土球直径(cm)	土球厚度(cm)	根盘直径(cm)	备注
≤20	5~10	5~10	10~30	常绿灌木、生长期落叶灌木带土球,非生长期落叶灌木带根盘
20~40	10~25	10~20	30~40	
40~60	25~40	20~30	40~50	
60~80	40~55	30~40	50~65	
80~100	55~70	40~50	65~80	
100~120	70~80	50~60	80~100	
120~150	80~100	60~75	100~120	
>150	冠径的2/3	冠径的1/2	冠径的4/5	
棕榈类	筒径的3~6倍	土球直径的2/3	筒径的3~5倍	—

表4.4.3-2 容器苗灌木土球或容器规格

高度范围(cm)	土球/容器大小		
	公制容积(L)	公制直径(mm)	英制容积
7.5~15.0	—	75.0	3″直径
20.0~30.0	1.7	150.0	6″直径
40.0~60.0	4.0	200.0	1加仑
80.0~100.0	15.0	300.0	5加仑
100.0~140.0	35.0	400.0	10加仑
150.0~190.0	45.0	450.0	15加仑
200.0~250.0	75.0	550.0	20加仑

表 4.4.3-3 竹类带土球规格

项次	项目	干径(cm)	土球直径(cm)	土球厚度(cm)	备注
1	中、小径竹	小(1～2) 中(2～3)	20～30	15～20	土球应带来鞭30cm,去鞭40cm,且保证竹鞭两端各不少于1个鞭芽;散生竹来鞭保证不少于1个鞭芽,去鞭不少于2个鞭芽;丛生竹、混生竹以竹芽数确定竹蔸规格,如丛生竹10～15芽,竹蔸不得小于50cm
2	大径竹	≤3	干径10倍	土球直径1/2	

检验方法:观察、量测。

检验数量:按数量抽查10%,每10株为1点,不少于5点,小于50株应全数检查。

Ⅱ 一般项目

4.4.4 苗木装运应符合现行上海市工程建设规范《园林绿化植物栽植技术规程》DG/TJ 08-18的规定。

检验方法:检查运输资料,观察。

检验数量:按数量抽查10%,每10株为1点,不少于5点,少于50株全数检查。

4.4.5 苗木假植应符合现行行业标准《园林绿化工程施工及验收规范》CJJ 82的规定。

检验方法:观察。

检验数量:按数量抽查10%,每10株为1点,不少于5点,少于50株全数检查。

4.5 苗木修剪

Ⅰ 主控项目

4.5.1 苗木修剪应充分考虑架空线、输变电设备、交通信号灯、住宅等所处的位置：

1 在交通路口附近的树冠不能遮挡交通信号灯。
2 路灯和变压设备附近的树枝应与其保留出足够的安全距离。
3 道路交叉口及弯道内侧栽植应满足车辆安全视距要求。
4 架空线下苗木树冠应及时修剪树枝，苗木与架空线路导线在最大弧度或最大风偏后的安全距离应符合表4.5.1的规定。

表 4.5.1 苗木与架空线的安全距离

项次	架空线		安全距离(m)	
			水平距离	垂直距离
1	电力线	≤1kV	≥1.0	≥1.0
		3kV～10kV	≥3.0	≥3.0
		35kV～110kV	≥3.5	≥4.0
		154kV～220kV	≥4.0	≥4.5
		330kV	≥5.0	≥5.5
		500kV	≥7.0	≥7.0
2	通信线	明线	≥2.0	≥2.0
		电缆	≥0.5	≥0.5

检验方法：观察和尺量检查。
检验数量：全数检查。

Ⅱ 一般项目

4.5.2 苗木修剪应符合下列规定：

1 苗木修剪应符合现行上海市工程建设规范《园林绿化养

护技术规程》DG/TJ 08－19 的规定。

2 有主梢顶端领导枝的苗木应保留主梢枝,因特殊需要重剪的苗木须保留三级自然分叉以上。

3 落叶苗木的枝条应从基部剪除,不留短桩、节,剪口平滑,不得劈裂、撕皮。

4 剪口应距保留芽一定位置,乔木至少 1cm 以上。

5 一般树种剪口直径 5cm 以上、剪锯产生伤流的树种剪口直径 2cm 以上,截口应削平并涂防腐剂。

6 景观造景的竹子不应进行截头处理。

检验方法:观察和尺量检查。

检验数量:按数量抽查 10%,每 10 株为 1 点,不少于 5 点,少于 50 株全数检查。

4.5.3 行道树修剪的检验要求和检验方法应符合表 4.5.3 的规定。

表 4.5.3　行道树修剪的检验要求和检验方法

项次	类型	检验要求	检验方法	检验数量
1	落叶乔木	具有中央领导干、主轴明显的落叶乔木应保持原有主梢枝,适当疏枝;无明显中央领导干、枝条茂密的落叶乔木,可对主枝的侧枝进行短截或疏枝;行道树应进行定干修剪,定干高度不低于 3.2m	观察,尺量	全数检查
2	常绿乔木	常绿阔叶乔木具有圆头形、圆锥形树冠的可适量疏枝;枝叶集生树干顶部的苗木可不修剪;松树类苗木宜在秋季末以疏枝为主,并应在伤口处涂愈合剂;柏类苗木不宜修剪主枝,侧枝应短截或剪梢		

4.5.4 棕榈类苗木应保护顶芽,剪去残留的叶柄。

检验方法:观察。

检查数量:按数量抽查10%,每10株为1点,不少于5点,少于50株全数检查。

4.5.5 草坪应遵照高度1/3原则修剪,修剪后高度应控制在4.5cm～6.0cm内,允许偏差为±1.0cm。

检验方法:观察,检查剪草记录。

检验数量:每500m² 抽查不少于3处。

4.6 乔灌木栽植

Ⅰ 主控项目

4.6.1 乔木成活率应分树种进行全数检查和验收。大规格乔木及本市移植的苗木成活率应达到95%以上;外省市移植的苗木成活率应达到90%以上;孤植树、主景树丛成活率应为100%。死亡苗木应按要求适时补种,确保补种后的成活率和保存率,第二年的保存率应按设计要求达到100%。

检验方法:观察,核查苗木成活率记录(详见附录E)。

检查数量:全数检查。

4.6.2 乔灌木栽植与架空线、地下管线以及建筑物之间的距离应符合设计要求。

检验方法:观察,量测。

检查数量:全数检查。

Ⅱ 一般项目

4.6.3 一般乔灌木栽植应符合下列规定:

1 乔灌木宜在栽植期进行栽植,栽植期应符合现行上海市工程建设规范《园林绿化植物栽植技术规程》DG/TJ 08-18 的规定,非栽植期进行栽植应选用容器苗。

2 带土球乔灌木栽植前应去除不易降解的包装物,乔灌木根部无积水。

3 乔木栽植应满足苗木阴阳面与原生地一致的要求,除特殊景观树外,乔灌木栽植应保持直立,不得倾斜。

4 栽植苗木回填的栽植土应夯实,栽植土深度应与原生地一致并等高或略高于地表面,易践踏的树穴表面应铺设盖板或有机覆盖物,有机覆盖物质量及铺设应符合现行上海市地方标准《绿化有机覆盖物应用技术规范》DB31/T 1035 的规定。

5 乔灌木开槽、栽植应符合现行上海市工程建设规范《园林绿化植物栽植技术规程》DG/TJ 08－18 的规定。

检验方法:观察、量测。

检验数量:每 100 个检查 10 个,少于 100 个全数检查。

4.6.4 行道树栽植应符合下列规定:

1 应符合第 4.6.3 条的规定。

2 树穴深度应深于土球以下 25cm,周边放宽应不小于 40cm,树穴上下口径一致,坑底挖松、整平。

3 排列应整齐,行道树不应有缺株。

4 道路交叉口及弯道内侧种植应满足车辆安全视距。

5 行道树应不遮蔽标志物设施。

检验方法:观察、量测。

检验数量:每 100 个检查 10 个,少于 100 个全数检查。

4.6.5 大规格乔木栽植应符合下列规定:

1 应符合第 4.6.3 条的规定。

2 树穴深度应深于土球以下 25cm,周边放宽应不小于 40cm,树穴上下口径一致,坑底挖松、整平。

3 有土壤局部改良要求的,应符合相应要求。

4 移植后应采用活根剂、营养剂等措施恢复树势。

检验方法:观测、量测。

检验数量:每 100 个检查 10 个,少于 100 个全数检查。

4.6.6 乔木栽植后应设置支撑,乔木支撑检验要求和检验方法应符合表 4.6.6 的要求。

表 4.6.6 乔木支撑检验要求和检验方法

项次	类型	检验要求	检验方法	检验数量
1	支撑物、牵拉物	与地面连接点的连接应牢固;地上支撑点应在苗木主干上,连接处应设置软垫,并绑缚牢固;地上支撑物、牵拉物的强度应保证支撑有效,辅助地上支撑采用毛竹或地锚三角形支撑法,支撑点应均匀分布于土球周边,用软支撑固定时应加设套管并应有明显标识	观察、尺量、重型地锚的千斤顶测试	每 100 个检查 10 个,少于 100 个全数检查
2	地锚支撑	根据苗木大小选取与之相匹配的地锚组件进行固定支撑;钢缆或钢管应支撑有效,同时不应有桩头露出地面		
3	钢架绑带支撑	支架中心宽度应根据土球大小进行调整;支架应放置树穴底中央位置,距离土球 40cm~50cm		

4.7 花坛、花境与地被植物栽植

Ⅰ 主控项目

4.7.1 花坛、花境与地被植物栽植成活率以覆盖地面程度或单位面积内成活数为标准,覆盖面或单位面积成活数应达到 95% 以上。

检验方法:观察,核查苗木成活率记录(详见附录 E)。
检验数量:按种类或品种栽植数的 10% 抽样。

Ⅱ 一般项目

4.7.2 花坛、花境的栽植应符合现行上海市工程建设规范

《花坛、花境技术规程》DG/TJ 08-66 的规定。

检验方法:观察,量测。

检验数量:按种类或品种栽植数的10%抽样。

4.7.3 地被植物栽植检验要求和检验方法应符合表4.7.3的规定。

表4.7.3 地被植物栽植检验要求和检验方法

项次	项目	检验要求	检验方法	检验数量
1	栽植放样	符合设计要求	观察,量测	地被表面积抽查10%,每300m^2～500m^2为1点,不少于3点,少于1000m^2应全数检查
2	切草边	草坪与花坛、地被的边缘应切草边,草坪处的边角呈45°,深度、宽度应为15cm,线条平顺自然		
3	地被栽植	密度、株行距、搭配效果应符合设计要求;栽植深度适当,根部捣实;生长势良好		

4.8 草坪建植

4.8.1 本节所指的草坪是指一般草坪、观赏型草坪、运动型草坪的质量验收。

Ⅰ 主控项目

4.8.2 草坪成坪覆盖率和单个裸露斑块面积要求应符合表4.8.2的规定。

表 4.8.2 草坪成坪覆盖率和单个裸露斑块面积要求

项次	项目	成坪覆盖率	单个裸露斑块面积（m²）	检验方法	检验数量
1	一般型草坪	95%	<25	观察，量测	按面积抽查10%，每500m²为1点，不少于3点
2	观赏型草坪	>95%	<20	观察，量测	每500m²抽查不少于3处，少于500m²全数检查
3	运动型草坪	100%	—	观察，量测	每500m²抽查不少于3处，少于500m²全数检查

4.8.3 运动型草坪建植的地下排水系统、坪床栽植土层（或介质层）、草种应符合设计要求。

检验方法：观察，量测，核查隐蔽工程验收记录（详见附录D）。

检验数量：每500m²抽查不少于3处，少于500m²全数检查。

4.8.4 运动草坪表层基质铺设应细致均匀，坪床紧实度应符合设计要求。

检验方法：观察，量测。

检验数量：每500m²抽查不少于3处，少于500m²全数检查。

Ⅱ 一般项目

4.8.5 草坪建植应符合现行上海市工程建设规范《园林绿化草坪建植和养护技术规程》DG/TJ 08-67 的规定。

检验方法：观察，量测。

检验数量：每500m²抽查不少于3处，少于500m²全数检查。

4.8.6 草坪坪床应平整，不应有坑洼积水。

检验方法：观察，量测。

检验数量：每500m²抽查不少于3处，少于500m²全数检查。

4.8.7 草坪与花坛、花境、地被的边缘应有隔离措施，切草边形式应在草坪处的边角呈45°，深度、宽度应为15cm，线条平顺自然。

检验方法:观察,量测。

检验数量:每 500m² 抽查不少于 3 处,少于 500m² 全数检查。

4.8.8 观赏型、运动型草坪的坪床相对标高、排水坡度、平整度允许偏差应符合表 4.8.8 的规定。

表 4.8.8 观赏型、运动型草坪建植允许偏差和检验方法

项次	项目	尺寸要求(cm)	允许偏差	检验方法	检验数量
1	坪床相对标高	设计要求	+2.0cm 0cm	水准仪测量	每 500m² 抽查不少于 3 处,少于 500m² 全数检查
2	排水坡度	设计要求	≤0.5%	观察	
3	坪床表层土壤粒径	设计要求	≤1.0cm	观察	
4	坪床平整度	设计要求	±2.0cm	水准仪测量	
5	建植土层或基质层厚度	设计要求	观赏型±1.0cm 运动型 0cm	挖样洞(或环刀取样)量测	

4.9 水生植物栽植

4.9.1 本节适用于较大规模露地环境水生植物栽植工程的质量验收。

4.9.2 水生植物的成活率应分种类进行验收。

Ⅰ 主控项目

4.9.3 水生植物栽植槽应符合下列规定:

1 栽植土应低于栽植槽边口线 10cm。

2 栽植槽土层或栽植基质厚度不小于 50cm。

3 栽植槽防渗设置的高度、尺寸、范围以及与其他部位或岸坡的连接应符合设计要求。

4 栽植槽所采用的防渗材料和施工工艺应符合设计要求或相关标准规定。

检验方法：量测，观察，核查材料检测报告、隐蔽工程验收记录（详见附录D）。

检验数量：按数量的10%抽查。

Ⅱ 一般项目

4.9.4 栽植槽应设置牢固，与水池协调。

检验方法：观察。

检验数量：按数量的10%抽查。

4.9.5 栽植范围符合设计要求，点景栽植配置合理，观赏效果较好。

检验方法：观察。

检验数量：按数量的10%抽查。

4.9.6 栽植成活后单位面积内拥有成活苗（芽）数及最适水深应符合表4.9.6的规定。

表 4.9.6 水生植物栽植成活数量及最适水深要求

项次	种类、名称		单位	单位面积成活苗(芽)数	最适水深(cm)	检验方法	检验数量
1	近水湿生类	千屈菜	丛	16～25	0～10	观察,量测	每100株检查10株,少于100株全数检查
		鸢尾(耐湿类)	株	16～25			
		落新妇	株	9～12			
		风车草(旱伞草)	株	16～25			
2	挺水植物	荷花	头	2～3	10～150		
		香蒲	株	16～25			
		芦竹	株	12～16			
		水葱	株	16～25			
		芦苇	株	12～16			
		再力花	株	12～16			
		梭鱼草	株	16～25			
		美人蕉	株	12～16			
		灯芯草	丛	6～9			
3	漂浮植物	凤眼莲	丛	控制在繁殖水域以内	浮于水面		
		大漂	丛				
		槐叶萍	丛				
		浮萍	丛				
4	浮叶植物	芡实	株	控制在繁殖水域以内	50～200		
		荇菜	株				
		萍蓬草	株				
		睡莲	株	2～3			
5	沉水植物	苦草	株	控制在繁殖水域以内	50～250		
		金鱼藻	株				
		穗尾狐尾藻	株				
		茨藻	株				
		黑藻	株				
		眼子菜	株				

4.10 立体绿化栽植

4.10.1 乔木成活率应分品种进行全数检查和验收;灌木、花卉、地被、草坪栽植成活率可按面积或数量的10%进行抽样检查和验收。

Ⅰ 主控项目

4.10.2 屋顶绿化栽植应符合下列要求：

1 施工应符合设计要求。

2 应有完整的构造层且不应影响房屋的安全性、功能性、耐久性。

3 构造层的检验要求和检验方法应符合表4.10.2的要求。

4 乔灌木栽植主干距屋面边界的距离应大于乔灌木树身的高度。

5 乔灌木栽植应有稳固的防倾倒措施。

6 屋顶四周应根据设计设置防护围栏，设计无要求时，应符合现行国家标准《民用建筑设计通则》GB 50352的要求。

检验方法：观察，量测。

检验数量：全数检查。

表4.10.2 屋顶绿化构造层检验要求和检验方法

项次	项目	检验要求	检验方法	检验数量
1	普通防水层	应符合现行上海市工程建设规范《立体绿化技术规程》DG/TJ 08-75的要求；屋面基层防水层侧面应高出屋面栽植土层10cm~15cm	量测，核查隐蔽工程验收记录（详见附录D）	按面积抽查10%，且不少于5点
2	耐根穿刺层	应符合现行行业标准《园林绿化施工及验收规范》CJJ 82的要求；施工后应作蓄水或淋水试验，24h内不得渗漏或积水	观察，核查资料（检测报告、材料合格证书、设计资料）	每10延长米检查1处，不足10延长米全数检查
3	排（蓄）水层	应与原屋面排水系统匹配，不应改变原屋顶排水系统；应符合现行行业标准《园林绿化施工及验收规范》CJJ 82的要求		
4	隔离过滤层	应符合现行行业标准《园林绿化施工及验收规范》CJJ 82的要求		

续表 4.10.2

项次	项目	检验要求	检验方法	检验数量
5	种植土层	种植土应符合第 4.2.1 和第 4.2.3 条的要求	观察,核查检测报告	按面积抽查 10%,且不少于 5 点
6	植物材料层	应符合现行上海市工程建设规范《立体绿化技术规程》DG/TJ 08-75 的要求	观察	每 100 株检查 10 株,少于 100 株全数检查

4.10.3 垂直绿化栽植应符合下列要求:

1 应满足建(构)筑物牢度、强度和稳定性,并兼顾所依附载体的其他功能。

2 构件绿墙采用的工艺应符合现行上海市工程建设规范《立体绿化技术规程》DG/TJ 08-75 的要求。

3 构件绿墙类和墙面贴植类的构件检验要求和检验方法应符合表 4.10.3 的要求。

4 有效土层下方不得有不透水层,无条件的应设置栽植槽,槽底每隔一定距离应设排水孔。

表 4.10.3 构件绿墙类和墙面贴植类垂直绿化的构件检验要求和检验方法

项次	项目	检验要求	检验方法	检验数量
1	构件绿墙	钢材、钢铸件的品种、规格、性能应符合国家现行产品标准和设计要求;焊接材料的品种、规格、性能等应符合现行国家标准《钢结构工程施工质量验收规范》GB 50205 的规定;钢结构骨架应做防腐处理;滴灌系统的滴管设备管路、管件产品质量应符合设计及相关标准要求	观察,核查资料(检测报告、材料合格证书、设计资料、质量合格证明文件)	全数检查
2	墙面贴植	辅助网、铁质线应用钢钉固定牢靠;墙面贴植的牵引物、围栏应符合植物生长的需要和植物的生长规律	观察,检查	

检验方法:观察,核查资料。

检验数量:按数量抽查10%,且不少于5点。

4.10.4 沿口绿化设计和施工应符合现行上海市工程建设规范《立体绿化技术规程》DG/TJ 08-75 的要求。

检验方法:观察,核查资料。

检验数量:按数量抽查10%,且不少于5点。

4.10.5 棚架绿化设计和施工应符合现行上海市工程建设规范《立体绿化技术规程》DG/TJ 08-75 的要求。

检验方法:观察,核查资料。

检验数量:按数量抽查10%,且不少于5点。

Ⅱ 一般项目

4.10.6 屋顶绿化的花坛、园路应有出水孔,出水孔应与女儿墙排水孔或屋顶天沟连通。

检验方法:观察。

检验数量:按数量抽查10%,且不少于5点。

4.10.7 垂直绿化栽植时,应符合下列规定:

1 植物材料应靠近建筑物和构筑物的基部。

2 墙面不易攀爬地段应铺设3m以上的辅助网,以利于植物攀缘。

检验方法:观察,量测。

检验数量:按数量或面积抽查10%,且不少于5点。

4.11 施工期养护

Ⅰ 主控项目

4.11.1 对生长不良、枯死、损坏、缺株的园林植物应及时进行更换或补栽,用于更换及补栽的植物材料应和原植株的种类、规格一致。

检验方法:观察。

检验数量:按数量抽查10%,且不少于5点。

Ⅱ 一般项目

4.11.2 施工期养护应符合下列规定:

1 施工期乔灌木、地被植物、花坛花境、立体绿化、水生植物等养护应符合现行上海市工程建设规范《园林绿化养护技术规程》DG/TJ 08—19的规定。

2 施工期行道树的养护应符合现行上海市工程建设规范《行道树养护技术规程》DG/TJ 08—2105的规定。

3 雨季应采取有效排涝措施,树穴处大雨后1h和暴雨后2h应无积水。

4 乔木冬季防寒宜进行裹干,裹干材料应采用通气、保湿的材料。

5 对南方地区引进的不耐寒的热带植物在冬季应采取全面的防寒保暖措施。

6 大规格乔木栽植后至成活期间应采取防止树体失水干化的技术措施。

检验方法:观察。

检验数量:按数量抽查10%,且不少于5点。

5 园林小品工程

5.1 一般规定

5.1.1 砂、石子、水泥等原材料的质量、批量、检验项目和检验方法,应符合国家现行有关标准的规定。

5.2 广场和路面铺装

5.2.1 本节适用于园林绿化工程中定型大理石(花岗石)、碎拼大理石(花岗石)、混凝土预制板、陶瓷地砖、大方砖、水泥花砖、透水砖、小青砖(黄道砖)、定型石块等板块面层和细石混凝土(压膜路面)、透水混凝土、卵石、水磨石(水洗石)、自然块石、冰梅、花街铺地等整体面层,以及由以上面层构成的园路面层、嵌草砖地坪、汀步石、侧石等地面工程的质量验收。

5.2.2 广场和路面铺装质量的基本规定应符合现行国家标准《建筑地面工程施工质量验收规范》GB 50209 的规定。

Ⅰ 主控项目

5.2.3 广场和路面铺装的基层应符合下列规定:

 1 基层铺设要求应符合现行国家标准《建筑地面工程施工质量验收规范》GB 50209 的规定。

 2 基层回填土应分层夯实,控制其表面平整度,堆土地面应做环刀试验。

 3 地基处理的宽度应每侧超出路缘石或表层外缘 30cm。

 4 水泥类基层的抗压强度、厚度应符合设计要求,表面应粗糙洁净、湿润,不得积水。

5 混凝土基层的铺装应根据设计要求设置伸缩缝,缩缝间距一般不大于6m,胀缝间距一般不大于24m,在转角或T字处也应设置伸缩缝。

检验方法:观察,检查。

检验数量:每200m²检查3处,不足200m²检查不少于1处。

5.2.4 广场和路面铺装的结合层应符合下列规定:

1 结合层和面层采用粘贴的胶粘剂材料应符合设计要求和现行国家标准《民用建筑室内环境污染控制规范》GB 50325的规定。

2 水磨石(水洗石)面层结合层水泥砂浆体积比宜为1:3,强度等级不应小于MU10。

检验方法:观察,检查。

检验数量:每200m²检查3处,不足200m²检查不少于1处。

5.2.5 铺设板块面层的结合层和板块间的填缝采用的水泥砂浆应符合以下规定:

1 配制水泥砂浆应符合现行行业标准《普通混凝土用砂、石质量及检验方法标准》JGJ 52的规定。

2 配置水泥砂浆的体积比(或强度等级)应符合设计要求。

检验方法:观察,检查。

检验数量:每200m²检查3处,不足200m²检查不少于1处。

5.2.6 广场和路面铺装的面层应符合下列规定:

1 面层与基层的结合应牢固,无空鼓、裂纹。

2 面层所有材料的品种、质量、规格,各结构层纵横向坡度、厚度、标高和平整度应符合设计要求。

检验方法:观察,核查材料进场验收记录、材料合格证书、检测报告、配合比报告、隐蔽工程验收记录(详见附录D)。

检验数量:每200m²检查3处,不足200m²检查不少于1处。

5.2.7 板块面层应符合下列规定：

1 大理石（花岗石）的技术等级、光泽度、外观等质量应符合设计和现行国家标准《天然大理石建筑板材》GB/T 19766、《天然花岗石建筑板材》GB/T 18601 的规定。其他板块面层应符合现行行业标准《园林绿化工程施工及验收规范》CJJ 82 的规定。

2 透水砖、混凝土预制板块强度、等级应符合设计要求；定型块石的强度等级应大于 MU30。

3 大理石（花岗石）、碎拼大理石（花岗石）、混凝土预制板面层、定型石块面层采用板材均应在结合层上铺设；透水砖应在砂垫层上铺设。

检验方法：观察，核查材料进场验收记录、材料合格证书、检测报告、配合比报告、隐蔽工程验收记录（详见附录 D）。

检验数量：每 200m² 检查 3 处，不足 200m² 检查不少于 1 处。

5.2.8 整体面层应符合下列规定：

1 透水混凝土面层的厚度、强度、坡度、粒径和胶结材料应符合设计要求，且均匀、洁净、无杂物、无积水、无渗透，与地漏（管道）结合紧密牢固，水泥强度等级应大于 3.25MPa；拌合料的体积比应符合设计要求，无设计要求宜为 1∶1.5～1∶2.5（水泥∶石粒）。

2 细石混凝土（压膜路面）厚度应符合设计要求。

3 卵石面层厚度、颜色和图案应符合设计要求，结合层水泥砂浆体积比宜为 1∶3，强度等级不应小于 MU10。

4 水磨石（水洗石）面层的厚度、强度、光洁度、粒径、颜色和图案应符合设计要求，且均匀、洁净、无杂物。

检验方法：观察，核查材料进场验收记录、材料合格证书、检测报告、配合比报告、隐蔽工程验收记录（详见附录 D）。

检验数量：每 200m² 检查 3 处，不足 200m² 检查不少于 1 处。

5.2.9 广场和路面铺装的允许偏差应符合表 5.2.9 的规定。

表 5.2.9 广场和路面铺装允许偏差和检验方法

		允许偏差 (mm)																				
		基层			面层																	检验方法
					板块面层											整体面层		其他				
项次	项目	混凝土、炉渣	砂、碎石、碎砖	定型大理石、花岗石	碎拼大理石、花岗石	混凝土预制板	陶瓷地砖	大方砖	水泥花砖	透水砖	小青砖(黄道砖)	定型石块	细石混凝土(压膜路面)	透水混凝土	卵石	水磨石(水洗石)	自然块石	冰梅	花街铺地	嵌草地面	侧石	
1	表面平整度	15.0	15.0	2.0	3.0	4.0	3.0	4.0	3.0	3.0	5.0	3.0	3.0	3.0	4.0	3.0	10.0	3.0	5.0	5.0	—	2m靠尺和楔形塞尺检查
2	厚度	不大于设计厚度的1/10	−10%	—	—	—	—	8.0	—	—	3.0	—	—	—	—	—	—	—	3.0	—	—	尺量检查
3	标高	+0.0/−50.0	±10.0/±20.0	±30.0	—	—	—	—	—	—	—	±30.0	—	—	—	—	—	—	—	—	—	水准仪检查
4	缝格平直	—	—	2.0	—	3.0	3.0	3.0	3.0	3.0	3.0	3.0	3.0	3.0	—	3.0	8.0	—	3.0	3.0	—	拉5m线和尺量检查
5	接缝高低差	—	—	2.0	—	1.5	2.0	1.0	0.5	1.0	—	—	1.5	2.0	2.0	1.0	—	—	2.0	1.5	3.0	尺量和楔形塞尺检查
6	板块铺(砌)间隙偏差	—	—	2.0	—	6.0	2.0	2.0	2.0	2.0	≤3.0	—	6.0	≤3.0	—	—	—	—	—	3.0	2.0	尺量和楔形塞尺检查
7	尺量偏差	—	—	—	—	3.0	3.0	3.0	3.0	3.0	3.0	—	—	—	—	—	—	—	—	—	—	尺量检查

5.2.10 广场和路面铺装的坡度设置应符合设计要求。
5.2.11 傍水园路安全防护设置应符合设计要求。

Ⅱ 一般项目

5.2.12 板块面层应符合下列规定：

1 大理石(花岗石)表面应整洁平整、无磨痕，且图案清晰、色泽一致、接缝符合标准、四边顺直、镶嵌正确，板块无裂纹、掉角等缺陷；表面的坡度应符合设计要求，无积水、无空鼓；与地漏结合应紧密牢固，且应无渗漏。

2 碎拼大理石(花岗石)表面色泽及大小应搭配协调，勾缝接缝大小、深浅一致，板块无裂纹、掉角等缺陷；材料边缘呈自然碎裂形状，形态基本相似，不宜出现尖锐角及规则形；表面洁净，地面不积水。

3 混凝土预制板块表面应无裂纹、掉角、翘曲等明显缺陷；面层平整洁净，图案清晰，色泽一致，接缝符合标准，四边顺直，镶嵌正确；面层邻接处的镶边用料尺寸应符合设计要求，边角整齐、光滑。

4 大方砖面层色泽应一致，棱角齐全，不应有隐裂及明显气孔，规格尺寸符合设计要求；方砖铺设面四角应平整，合缝均匀，缝线通直，砖缝油灰饱满；砖面桐油涂刷应均匀，不得漏刷。

5 水泥花砖、透水砖面层表面应洁净、图案清晰、色泽一致，接缝平整，高低一致，四边顺直；板块无裂纹、掉角等缺陷；面层邻接处的镶边用料及尺寸应符合设计要求，边角整齐光滑。

6 小青砖(黄道砖)规格、色泽应统一，厚薄一致，无缺棱掉角，向上面应四角通直且均为直角，砖块间排列应紧密，色泽均匀，排列形式符合设计要求，表面平整不应松动。

7 定型石块层石料缝隙应相互错开，通缝不得超过2块。

8 嵌草地坪面层嵌草砖或块料应无裂纹、缺陷；嵌草材料铺设平稳，接缝和顺，块料表面较清洁；嵌草砖铺设到位、平整，栽植土填充紧实适度;植草后与地坪持平或略高于地面,草应盖满穴槽。

9 侧石安装底部和外侧应坐浆,安装稳固;顶面应平整,线条应顺直;曲线段应圆滑无明显折角。

检验方法:观察或用锤击检查,量测,核查材料进场验收记录、材料合格证书、检测报告、配合比报告、隐蔽工程验收记录(详见附录 D)。

检验数量:每 200m² 检查 3 处,不足 200m² 检查不少于 1 处。

5.2.13 整体面层应符合下列规定:

1 细石混凝土(压膜路面)、透水混凝土面层应色泽均匀、平整,块体边缘清晰,无翘曲、开裂。

2 卵石面层应按排水方向调坡;水泥砂浆厚度不应低于 4cm,强度等级不应低于 MU10;卵石颜色搭配协调、颗粒清晰、大小均匀、石粒清洁、光洁度好、粘贴牢固,排列方式一致(特殊拼花要求除外);露面卵石铺设应均匀,窄面向上,无明显下沉颗粒,并达到全铺设面 70%以上,嵌入砂浆厚度为卵石整体 60%以上;圆形卵石嵌入砂浆深度应大于卵石粒径的 2/3;扁圆形卵石应竖向铺设,严禁平铺,嵌入深度应超过立面的 2/3,排列应均匀美观。

3 水磨石(水洗石)面层应色泽统一、颗粒大小均匀,规格符合设计要求;路面的石子表面应顺直、清晰洁净,无水泥浆残留、无开裂;表面应无明显裂纹、砂眼和磨纹,石粒密实、显露均匀,颜色图案一致,分格条牢固,酸洗液冲洗彻底,无残留腐蚀痕迹。

4 自然块石面层铺设区域基底土应预先夯实、无沉陷;铺设用的自然块石应选用具有较平坦大面的石块,块体间排列紧密,高度一致,踏面平整,无倾斜、翘动。

5 冰梅面层色泽、质感、纹理、块体规格大小应符合设计要求;石质材料要求强度均匀,抗压强度不小于 30MPa;软质面层石材要求细滑、耐磨,表面应洁净;板块面宜五边以上为主,块体大小不宜均匀,符合"一点三线"原则,不得出现正多边形及阴角(内凹角)、直角;垫层应采用同品种、同强度等级的水泥,并做好养护和保护。

6 花街铺地面层纹样、图案、线条大小长短规格应统一、对称；填充料宜色泽丰富，镶嵌应均匀，露面部分不应由明显的锋口和尖角；完成面的表面洁净，图案清晰，色泽统一，接缝平整，深浅一致。

检验方法：观察和尺量检查，核查材料进场验收记录、材料合格证书、检测报告、配合比报告、隐蔽工程验收记录（详见附录D）。

检验数量：每200m²检查3处，不足200m²检查不少于1处。

5.3 假山叠石工程

5.3.1 本节适用于真石假山、叠石、置石工程和塑山工程中基础和土方工程、土山工程、土石山工程质量验收。

5.3.2 真石假山、叠石、置石工程基础必须符合设计要求及土建工程相关的验收规范规定，假山基础及土方工程验收应核查假山基础及土方工程验收表（详见附录F）。

5.3.3 山体应符合安全要求，造型应完整美观，结构应牢固、耐久。

5.3.4 假山叠石的施工及验收应符合现行上海市工程建设规范《假山叠石工程施工规程》DG/TJ 08-211的要求。

Ⅰ 主控项目

5.3.5 大型假山叠石工程的基础工程应符合现行国家标准《建筑地基基础工程施工质量验收规范》GB 50202的规定。

检验方法：观察，锤击，尺量。

检验数量：全数检查。

5.3.6 山体主体工程应符合设计要求，堆置高度与堆置范围相适应，截面应符合结构需要。

检验方法：观察，锤击，尺量。

检验数量：全数检查。

5.3.7 景石的质地、纹理、色泽应符合设计要求,表面应无尘土、杂物。

检验方法:观察。

5.3.8 置石必须安置牢固,重心应垂直于地面。

检验方法:观察,锤击,尺量。

检验数量:全数检查。

5.3.9 真石假山、叠石、置石工程和塑山布置必须符合安全要求,临路侧、山洞洞顶和洞壁的岩面应圆润,不带锐角或"快口",不得影响游人安全。

检验方法:观察。

5.3.10 塑山筋焊接应牢固,间距符合设计要求,钢丝网与钢塑连接牢固。

检验方法:观察,核查检测报告。

检验数量:实物按工程部位的25%进行检测。

5.3.11 塑山表面水泥砂浆抗拉力与强度应满足设计要求。

检验方法:观察,核查检测报告。

检验数量:实物按工程部位的25%进行检测。

Ⅱ 一般项目

5.3.12 真石假山、叠石、置石主体构造应符合设计要求,整体轮廓符合造型艺术质量要求,石不宜杂、纹不宜乱、块不宜匀、缝不宜多,形态应自然完整。

检验方法:观察。

检验数量:全数检查。

5.3.13 所选用石材质地、纹理一致,色泽相近,石料不应有裂缝、损伤、剥落现象,峰石应形态完美,具有观赏价值。

检验方法:观察。

检验数量:全数检查。

5.3.14 真石假山、叠石结构必须合理,截面应符合设计和安全要求,主峰稳定性符合抗风、抗震强度要求,整块大体量山石应稳定,不得倾斜;横向挑出的山石后部配重不小于悬挑重量的2倍,压脚石应确保牢固,粘结材料应满足强度要求,辅助加固构件(银锭扣、铁爬钉、铁扁担、各类吊架等)强度和数量应保证达到山体的结构安全及艺术效果要求,铁件表面应作防锈处理。

  检验方法:观察,核查,尺量。

  检验数量:按工程部位的25%进行检测。

5.3.15 拉底石材应坚实、耐压,不得用风化石块作基石。

  检验方法:观察。

  检验数量:全数检查。

5.3.16 真石假山水平方向山石应错缝垒叠,山石纹理同方向。

  检验方法:观察,核查。

  检验数量:全数检查。

5.3.17 真石假山、叠石和景石布置后的石块间缝隙填塞密实,勾缝应符合设计要求,自然平整、无遗漏。设计无要求时,明缝不应超过20mm宽,暗缝应凹入石面15mm~20mm,砂浆干燥后色泽应与石料色泽相近。

  检验方法:观察,尺量。

  检验数量:按工程部位的25%进行检测。

5.3.18 真石假山山洞必须按设计图施工。洞壁凹凸面不得影响游人安全,洞内应有采光,不得积水。

  检验方法:观察,核查。

  检验数量:全数检查。

5.3.19 登山道的走向应自然,应符合设计要求,踏步铺设应平整、牢固,高度以14cm~16cm为宜;除特殊位置外,高度不得大于25cm,宽度不应小于30cm。

  检验方法:观察,尺量。

  检验数量:按工程部位的25%进行检测。

5.3.20 壁石不宜过厚,应采用嵌入墙体为主,与墙体脱离部分应有可靠排水措施。墙体内应预埋铁件钩托石块,砌筑稳固。

检验方法:观察,锤击。

检验数量:全数检查。

5.3.21 塑山表面应符合下列规定:

1 塑山表面形态自然,外观颜色效果逼真,整体协调,无破损、脱落、起皮和松动现象。

2 用于塑山外修饰的所有材料应有产品合格证,并满足合同中对塑山外修饰的要求。

3 塑造皱纹应协调、贴近自然,不得有裂缝。

4 表面石色符合设计要求,着色稳定耐久,无脱落、水溶现象。

5 保护剂和涂刷质量应符合规范要求,保护剂涂料应附着良好,不得有脱皮、起泡和漏涂等缺陷。

检验方法:观察,核查产品合格证书。

检验数量:全数检查。

5.3.22 塑山使用的结构钢应具有钢厂材料证明及测试报告。

检验方法:检查钢厂材料证明、测试报告以及类似可证实资料。

检验数量:全数检查。

5.3.23 塑山焊缝检验应符合下列规定:

1 应对钢筋和轧制型钢上的焊缝进行检验和检测,钢结构焊接应符合现行行业标准《钢筋焊接验收规范》JGJ 18 的相关规定,金属构件及焊缝处须做防锈处理。

2 不合格的焊缝必须进行整改,并应重新检测。

检验方法:观察,磁粉检测,超声检测。

检验数量:随机选取 25% 的预制组件。

5.4 理水工程

5.4.1 理水工程应满足安全、卫生、实用、美观、经济和节能、节水的要求,便于运行、维护和管理。

5.4.2 理水工程应根据主题意境、建造地理位置、气候条件、周边环境等综合因素及工艺设计进行施工。

5.4.3 设备、材料等应符合国家现行有关产品标准的要求,并应有产品合格证和安装使用说明书。

5.4.4 景观水宜采用中水,水质应不低于现行国家标准《地表水环境质量标准》GB 3838 中的Ⅲ类水标准。有儿童嬉水功能时,水质应满足游泳池池水标准。

5.4.5 未经处理或处理不达标的生活污水和生活废水不得排入绿地水体。污染区及其临近地区严禁设置水体。

Ⅰ 主控项目

5.4.6 人工湖应符合下列规定:

1 湖底标高、湖岸落差均应符合设计要求和现行相关规范标准要求。

2 人工湖湖岸线应自然、和顺。

3 重力式驳岸及钢筋混凝土悬臂式驳岸应符合设计要求。

检验方法:观察,量测。

检验数量:每 500m² 抽查不少于 3 处,少于 500m² 全数检查。

5.4.7 溪流工程结构、装饰、安装应符合设计要求。

检验方法:观察,核查隐蔽工程验收记录(详见附录 D)。

检验数量:每 500m² 抽查不少于 3 处,少于 500m² 全数检查。

5.4.8 溪流湖底标高、湖岸落差均应符合设计要求。

检验方法:观察,量测。

检验数量:每 500m² 抽查不少于 3 处,少于 500m² 全数检查。

5.4.9 溪坑石安装景观效果、边坡外观效果应符合设计要求。

检验方法:观察。

检验数量:每 500m² 抽查不少于 3 处,少于 500m² 全数检查。

5.4.10 溪流景石的自然驳岸的布置,应体现溪流的自然感,与周边环境协调;汀步安置应稳固、安全可靠、面平整,设计无要求时,汀步边到边间距不应大于30cm,单块面积不小于40cm×40cm,高差不宜大于5cm,间距小于25cm,汀步两侧2m内水深不得大于0.5m。

检验方法:观察,尺量。

检验数量:每500m^{2}抽查不少于3处,少于500m^{2}全数检查。

5.4.11 溪流池底采用的土工布材料应有质保资料和复测资料,且紧贴基土,无渗水现象。

检验方法:观察,量测,核查产品合格证书、检测报告。

检验数量:每500m^{2}抽查不少于3处,少于500m^{2}全数检查。

5.4.12 水景水池的沟槽边坡必须平整、坚实、稳定,严禁贴坡。

检验方法:观察,量测,核查隐蔽工程验收记录(详见附录D)。

检验数量:每20m^{2}剖面抽查2点。

5.4.13 水景水池砂石垫层配比应符合设计要求。

检验方法:观察,量测,核查设计文件。

检验数量:每100m^{2}抽查2点。

5.4.14 水景水池混凝土垫层的混凝土强度必须符合设计要求。

检验方法:观察,量测,核查测试报告。

检验数量:每100m^{2}抽查2点。

5.4.15 水景水池混凝土主体结构应符合下列规定:

1 混凝土抗压强度必须符合设计要求。

2 混凝土及钢筋混凝土结构池壁面、池底面严禁有裂缝,不得有蜂窝、露筋等现象。

3 预制构件安装必须位置准确、平稳,缝隙必须嵌实,不得有渗漏现象。

检验方法:观察,尺量。

检验数量:池底高程每20m^{2}抽查1点,其他每20m^{2}抽查2点。

5.4.16 水景水池装饰压顶材料的品种、规格和质量应符合设计要求。

检验方法:核查出厂合格证,现场观察。

检验数量：接缝宽度每 10m² 抽查 2 点，水平度、相邻板块高差、边线和顺度每 5m² 抽查 2 点。

5.4.17 潜水泵应符合下列规定：

1 潜水泵应采用法兰连接。

2 潜水泵淹没深度小于 500mm 时，在泵吸入口处应加装防护网罩。

3 潜水泵电缆应采用防水型电缆，控制开关应采用漏电保护开关。

检验方法：观察，尺量。

5.4.18 浸入水中的电缆为确保安全，应采用水下电缆。

检验方法：观察。

5.4.19 水池应设置水循环系统。

Ⅱ 一般项目

5.4.20 人工湖的质量要求、检验方法应符合表 5.4.20 的规定。

表 5.4.20 人工湖质量验收标准

项次	项目	要求	允许偏差（cm）	检验数量 范围	检验数量 次数	检验方法
1	高程	符合设计要求	−5.0	500m²	3	水准仪测量
2	长度、宽度（由设计中心线向两边量）		±1.5%	500m²	3	钢尺或全站仪测量
3	表面平整度		±5.0	500m²	3	2m 靠尺和楔形塞尺检查
4	基底土性		—	每项目	1	观察

5.4.21 溪流的质量要求、检验方法应符合表 5.4.21 的规定。

表 5.4.21 溪流质量验收标准

项次	项目	要求	允许偏差（cm）	检验数量 范围	检验数量 次数	检验方法
1	高程	符合设计要求	－5.0	500m²	3	水准仪测量
2	长度、宽度（由设计中心线向两边量）	符合设计要求	±1.5%	500m²	3	钢尺或全站仪测量
3	表面平整度	符合设计要求	±5.0	500m²	3	2m靠尺和楔形塞尺检查
4	基底土性		—	每项目	1	观察
5	土工布铺设外观	贴土效果	—	每项目	1	观察
6	土工布铺设搭接	搭接牢固	—	—	—	—

5.4.22 水景水池的沟槽应符合下列规定：

1 沟槽内不得有松散土，槽底应平整，排水应畅通。

2 沟槽允许偏差应符合表 5.4.22 的规定。

表 5.4.22 沟槽允许偏差

项次	项目	允许偏差	检验数量 剖面（m²）	检验数量 点数	检验方法
1	高程	0～30mm	20	2	水准仪测量
2	池底边线位置	不小于设计规定	20	2	尺量，每侧计1点
3	边坡	不陡于设计规定	40	每侧1点	坡度尺量

检验方法：观察，尺量。

5.4.23 水景水池砂石垫层应符合下列要求：

1 砂石垫层配比符合设计要求。

2 砂石垫层表面应坚实、平整，不得有浮石、粗细料集中等现象。

3 砂石垫层允许偏差应符合表 5.4.23 的规定。

表 5.4.23 砂石垫层允许偏差

项次	项目	允许偏差(mm)	检验数量 范围(m²)	点数	检验方法
1	厚度	±20	100	2	尺量
2	平整度	15	100	2	靠尺、塞尺测量
3	高程	±20	100	2	水准仪测量

检验方法:观察,尺量。

5.4.24 水景水池混凝土垫层应符合下列要求:

1 不得有石子外露、脱皮、裂缝、蜂窝、麻面等现象。

2 混凝土垫层允许偏差应符合表 5.4.24 的规定。

表 5.4.24 混凝土垫层允许偏差

项次	项目	允许偏差(mm)	检验数量 范围(m²)	点数	检验方法
1	厚度	±10	100	2	尺量
2	平整度	10	100	2	靠尺、塞尺测量
3	高程	±10	100	2	水准仪测量
4	蜂窝麻面	1%	100	2	尺量总面积

检验方法:观察,尺量。

5.4.25 水景水池混凝土主体结构应符合下列规定:

1 池壁和拱圈的伸缩缝与池底板的伸缩缝应对正。

2 水池及水渠底部不得有建筑垃圾、砂浆、石子等杂物。

3 固定模板用的铁丝和螺栓不宜直接穿过池壁,否则应采取止水措施。

4 壁底结合的转角处,应抹成八字角。

5 混凝土及钢筋混凝土池渠主体允许偏差应符合表 5.4.25 的规定。

表 5.4.25 混凝土及钢筋混凝土池渠主体允许偏差

项次	项目	允许偏差（mm）	检测数量 范围(m^2)	点数	检验方法
1	池底高程	±10	20	1	水准仪测量
2	拱圈断面尺寸	不小于设计规定	20	2	尺量,宽、厚各测1点
3	盖板断面尺寸	不小于设计规定	20	2	尺量,宽、厚各测1点
4	池壁高	±20	20	2	尺量,每侧测1点
5	池壁边线每侧宽度	±10	20	2	尺量,每侧测1点
6	池壁垂直度	15	20	2	垂线检验,每侧测1点
7	池壁平整度	10	10	2	2m直尺或小线量取最大值,每侧测1点
8	池壁厚度	±10	10	2	尺量,每侧测1点

检验方法：观察，尺量。

5.4.26 水景水池中装饰材料应符合下列规定：

1 整形压顶主材料应大小一致，色泽均匀，不得有裂纹、掉角、缺棱；自然形压顶石应色彩和顺，造型自然。

2 装饰压顶材料与池壁结合应牢固、安全。

3 装饰材料勾缝应大小深浅一致，整形压顶石表面应水平和顺，相邻板块接缝平顺。

4 装饰材料允许偏差项目应符合表 5.4.26 的规定。

表 5.4.26 水景水池中装饰材料允许偏差项目

项次	项目	允许偏差（mm）	检验数量 范围(m^2)	点数	检验方法
1	水平度	4.0	5	2	水准仪测量
2	相邻板块高差	1.0	5	2	观察,尺量
3	边线和顺度	1.5	5	2	尺量
4	接缝宽度	1.0	10	2	尺量

检验方法:观察,尺量。

5.4.27 水景水池的潜水泵应符合下列规定:

1 同组喷泉配置多个潜水泵时,各潜水泵应安装在同一高程。

2 潜水泵轴线应与总管轴线平行或垂直。

3 潜水泵配套的泵井、泵坑和盖板在满足水泵安装和使用要求的同时,应符合土建和结构的各项要求。

检验方法:观察,尺量。

5.4.28 水景水池的潜水泵管道敷设应符合下列规定:

1 管道位置和标高应符合设计要求。

2 配水管网管道应有2‰~5‰的坡度坡向泄水点。

3 各种材质的管材连接应保证密封、不渗漏,宜采用专用接头。

4 各种支吊架安装应符合现行国家标准《建筑给水排水及采暖工程施工质量验收规范》GB 50242的规定。

检验方法:尺量。

5.4.29 水景喷泉应符合安全使用要求,喷头规格和射程应符合设计要求,喷泉符合设计的景观艺术效果,完工后应形成较好的动感效果,整体色彩观感效果良好,不应有影响整体艺术效果的缺陷。

5.4.30 水景喷泉的喷头安装应符合下列规定:

1 喷头前应有长度不小于10倍喷头公称尺寸的直线管段或设整流装置,确保喷头的水力流态,确保喷水效果。

2 喷头溅水不得溅至水池外面的地面上或收水线以内。

3 同组喷泉用喷头的安装形式宜相同,确保水形效果相同。

4 隐蔽安装的喷头,喷口出流方向水流轨迹上不应有障碍物,确保隐蔽安装的喷头水形效果。

检验方法:观察。

5.4.31 瀑布、跌水应符合下列规定:

1 瀑布、跌水的出水量应符合设计要求,出水应均匀分布于出水周边,水量应充足,应形成瀑布状。

2 水流不得渗漏其他叠石部位,不得冲击栽植槽内的植物,同时要符合设计的景观艺术效果。

3 水幕出水口应均匀布置,保证出水整齐、美观。

4 瀑布、跌水出水口应水平光滑,材料结实耐用,应有良好的出水效果。

5 水池水深较浅时,可根据现场实际情况,合理设置承瀑石,防止水流冲刷。

6 瀑布、跌水布置应与周围景观效果相协调。

检验方法:观察。

5.4.32 雾喷景观应符合下列规定:

1 雾喷水源采用净化处理后的市政给水,水质应符合现行国家标准《生活饮用水卫生标准》GB 5749 的有关规定。

2 雾喷装置的基础设施应满足载荷、防震、底部通风、排水等要求。

3 雾喷采用的压力和形成的雾化粒子直径应根据现场景观需要、气候、风向等确定。

4 雾喷应有良好的景观效果,宜具有除尘降尘、净化加湿空气的功能。

5 雾喷布置位置应与设计图纸一致,与周边环境相协调。

检验方法:观察。

5.5 园林木构件工程

5.5.1 本节适用于园林小品工程中一般木结构花架、木栈道、木亭、木栏杆、钢木组合等制作与安装工程的质量验收。

Ⅰ 主控项目

5.5.2 木材的树种、材质等级、色泽、含水率和防腐、防虫、防火处理必须符合设计要求。

检验方法:观察,检查材料合格证明、检测报告。

5.5.3 木构件表面质量应符合下列规定：

1 表面平整，无明显戗槎、刨痕、锤印、缺棱。

2 清水油漆制作修补用材料的色泽、木纹与制品基本一致。

检验方法：观察。

5.5.4 木构件裁口、起线、割角、拼接应符合下列规定：

1 裁口、起线顺直，割角准确，高低平整。

2 接头采用榫应符合施工图要求和规范要求，且拼接严密。

检验方法：观察。

5.5.5 木构件防腐的构造措施、品种、质量、色泽必须符合设计要求，埋地木构件以及支座垫木必须做防腐处理。

检验方法：观察。

5.5.6 木架、梁、柱支座部位的木构件与其他材质接触处应符合设计要求。

检验方法：观察。

5.5.7 园林木构件制作应符合下列规定：

1 质量、形式必须符合设计要求和施工规范规定。

2 榫槽必须嵌合严密，连接必须牢固无松动。

3 木构件含水率应小于25%，木地板(12cm宽的长板材)含水率应小于18%，底层搁栅含水率应小于20%。

4 临水的架空木栈道应有抗浮措施。

检验方法：核查材料合格证书、检测报告。

5.5.8 木结构制作的允许偏差和检验方法应符合表5.5.8的规定。

表5.5.8 木结构制作的允许偏差和检验方法

项次	项目		允许偏差	检验方法
1	构件截面尺寸	方木构件高度宽度	±3mm	量测
		原木构件梢径	±5mm	
2	结构长度	方木构件长度≤4m	±5mm	量测，梁柱检查全长
		方木构件长度>4m	±10mm	

续表 5.5.8

项次	项目	允许偏差	检验方法
3	结构中心线的间距	±10mm	量测
4	垂直度	1/500	吊线和量测
5	受压或压弯构件纵向弯曲	1/400	吊(拉)线和量测
6	螺杆伸出螺帽长度	<10mm	量测

5.5.9 园林木构件安装应符合下列规定：

1 木搁栅、木地板和垫木等必须做防腐处理，木搁栅安装必须牢固、平直；各种木质板面层必须钉（拧）牢固、无松动，粘结牢固、无空鼓。

2 架空木栈道的结构材料与铺面材料之间连接牢固。固定用构件应使用耐腐蚀材料；若采用金属材料，应有防腐蚀处理。

3 非架空木栈道与基层应有一定架空层，铺面材料严禁密闭。

4 木结构防火构造措施应符合设计要求。

检验方法：观察，核查构件合格证书、隐蔽工程验收记录（详见附录 D）。

检验数量：每 200m² 检查 3 处，不足 200m² 检查不少于 1 处。

5.5.10 钢木组合应符合下列规定：

1 钢材及附件的材料型号、规格和连接构造等必须符合设计要求和施工规范规定。

2 钢板、杆平直，螺帽数量及螺栓（杆）伸出螺帽的长度应符合表 5.5.8 的规定。

3 垫板、垫圈应齐全、紧密。

4 普通圆钉的最小屈服强度应符合设计规范要求。

5 除不锈钢外，其他各种钢材均应做防腐处理。

检验方法：观察，检查材料合格证明。

Ⅱ 一般项目

5.5.11 园林木构件制作应符合下列规定：

1 室外木构件应选择耐潮湿的木料。

2 木栈道面板宜采用桉木、柚木、冷杉木、松木等耐腐木材，且须严格进行防腐和干燥处理，含水量小于或等于8%，其厚度符合设计规范要求。

3 木栈道面板不应直接铺在地面上，板与板之间宜留小于或等于1cm宽的缝隙，不应采用企口拼接方式，下部至少有5cm的架空层。

4 木栈道所用木材连接和固定木板和木方的金属配件应采用不锈钢或镀锌材料。

检验方法：观察，量测，核查材料合格证书、检测报告。

5.5.12 园林木构件安装应符合下列规定：

1 木板面层的缝隙严密，接头位置错开，无明显高差；拼花地板面层的接缝对齐，粘、钉、拧严密，缝隙宽度均匀一致。

2 木框架各种构件的钉连接、墙面板和屋面板与框架构件的钉连接以及屋脊梁无支座时椽条与搁栅的钉连接均应符合设计要求。

3 园林木构件安装栏杆扶手严禁支撑点外间断，严禁采用带刺挂边材料，应表面平整，无缺棱、刨痕、戗槎、锤印。

4 防护木栏杆高度宜不小于115cm。

5 各式栏杆的槽应嵌合严密，胶结牢固。

6 木铺装安装的允许偏差和检验方法应符合表5.5.12的规定。

表 5.5.12 木铺装安装的允许偏差和检验方法

项次	项目	允许偏差（mm）	检验方法	检验数量
1	表面平整度	±3	2m靠尺和楔形塞尺检查	每200m² 检查3处，不足200m²检查不少于1处
2	板面拼缝平直	±3	拉5m线，不足5m拉通线和尺量检查	
3	缝隙宽度	±2	塞尺与目测检查	
4	相邻板材高低差	±1	尺量	

检验方法：观察，量测。

5.6 园林设施安装

Ⅰ 主控项目

5.6.1 座椅（凳）、标牌及果皮箱、成品家具、健身器材等园林设施的安装方法应符合产品安装说明或设计要求。

检验方法：观察。

5.6.2 园林设施应符合下列规定：

1 园林设施安装基础应符合设计要求或相关产品标准的规定。

2 园林设施的质量应符合产品检验合格标准。

3 园林设施应安装牢固、无松动。

检验方法：手动，观察。

6 园林电气安装工程

6.1 一般规定

6.1.1 电缆的规格、型号应符合设计要求。

6.1.2 回填之前电缆敷设隐蔽工程应验收合格,符合设计要求。

检验方法:核查隐蔽工程验收记录(详见附录D)。

检验数量:全数检查。

6.1.3 水池和类似场所灯具(水下灯和防水灯)的密闭和绝缘性能应符合标准。

检验方法:检查合格证、检验报告,仪表测量,尺量。

检验数量:按批抽样。

6.2 电缆敷设

Ⅰ 主控项目

6.2.1 电缆应符合下列规定:

1 电缆必须有合格证、检验报告;合格证有生产许可证编号、安全认证标志;外护层有明显标识和制造厂标。

2 电缆外观应无损伤,绝缘良好,严禁有绞拧、铠装压扁、护层断裂和表面严重划伤等缺陷。

检验方法:观察,检查合格证、检验报告。

检验数量:全数检查。

6.2.2 电缆管应符合下列规定:

1 电缆管必须有合格证、检验报告。

2 金属电缆管连接应牢固,密封良好;金属电缆管严禁对口熔焊连接；镀锌和壁厚≤2cm的钢导管不得套管熔焊连接。

检验方法：检查合格证、检验报告，观察，仪表测量。

检验数量：全数检查。

6.2.3 电缆的绝缘电阻应符合下列规定：

1 电缆敷设前阻值不得小于10MΩ。

检验方法：用500V兆欧表进行绝缘电阻测量。

检验数量：按批抽样。

2 低压电线和电缆，线间和线对地间的绝缘电阻值必须大于0.5MΩ。

检验方法：仪表测量。

检验数量：全数检查。

6.2.4 电缆直埋敷设时应符合下列规定：

1 交流单相电缆单根穿管时，不得用钢管或铸铁管。

2 不同回路和不同电压等级的电缆不得穿于同一根金属管内。

检验方法：观察。

检验数量：全数检查。

6.2.5 电缆非直埋敷设时应符合下列规定：

1 非直埋电缆的金属支架、金属线槽、电缆导管、电缆桥架必须接地(PE)或接零(PEN)可靠，且不得少于2处与接地(PE)或接零(PEN)干线相连接。

2 非镀锌金属线槽和电缆桥架间连接板的两端跨接铜芯接地线，接地线截面积不小于4mm^2，且连接板两端不少于2个有防松螺帽或防松垫圈的连接固定螺栓。

检验方法：观察，尺量。

检验数量：全数检查。

6.2.6 铠装电力电缆头的接地线应采用铜绞线或镀锡铜编织线。电缆线芯线截面积在16mm^{2}及以下的，接地线截面积与电缆芯线截面积相等；电缆芯线截面积在16mm^2～120mm^{2}之间的，接地线截面积为 16mm²。

检验方法:仪器测量。

检验数量:全数检查。

6.2.7 电线、电缆接线必须准确,并联运行电线或电缆的型号、规格、长度、相位应一致。

检验方法:观察,查看型号规格。

检验数量:全数检查。

6.2.8 芯线与电器设备的连接应符合下列规定:

1 截面积在 1mm² 及以下的单股铜芯线和单股铝芯线直接与设备、器具的端子连接。

2 截面积在 2.5mm² 及以下的多股铜芯线拧紧搪锡或接续端子后与设备、器具的端子连接。

3 截面积大于 2.5mm² 的多股铜芯线,除设备自带插接式端子外,接续端子后与设备或器具的端子连接;多股铜芯线与插接式端子连接前,端部拧紧搪锡。

4 多股铝芯线接续端子后与设备、器具的端子连接。

5 每个设备和器具的端子接线不多于 2 根电线。

检验方法:观察,仪器测量。

检验数量:全数检查。

6.2.9 沟槽回填应符合下列规定:

1 沟槽必须清理干净,不得受水浸泡。

2 沟槽位置必须符合设计要求。

3 回填土中严禁含有建筑垃圾、碎砖等块料。

检验方法:观察。

检验数量:全数检查。

Ⅱ 一般项目

6.2.10 电缆管应符合下列规定:

1 电缆管连接时,管孔应的对准,接缝应严密,不得有地下水和泥浆渗入,应有不小于0.1%的排水坡度。

2 电缆管的弯曲半径不应小于所穿入电缆的最小允许弯曲。

3 电缆管在弯制后不应有裂缝和明显的凹凸现象,其弯扁程度不宜大于管子外径的10%。

4 金属电缆管应在外表涂防腐漆或涂沥青,镀锌管锌层剥落处应涂防腐漆。

5 硬制塑料电缆管连接应采用插接插入,深度宜为管子内径的1.1倍~1.8倍,在插接面上应涂以胶合剂粘牢密封。

检验方法:观察,尺量,仪器测量。

检验数量:按批抽样。

6.2.11 电缆井的设置应符合下列规定:

1 电缆有接头时,接头处应做电缆井。

2 过街管道、绿地与绿地间管道应在两端设置电缆井,超过50m时应增设电缆井。

3 灯杆处不宜设置电缆井。

4 井宽不应小于0.7m,井深不得小于1m,并应有渗水孔。

5 井盖应有防盗措施。

检验方法:观察,尺量。

检验数量:全数检查。

6.2.12 电缆直埋敷设时应符合下列规定:

1 直埋电缆应采用铠装电缆,排列整齐,少交叉。

2 同一回路的电缆应穿于同一导管内,且电缆管内电缆不得有接头。

3 沿电缆全长上下应铺设厚度不小于0.1m的细土或细砂。

4 沿电缆全长应覆盖宽度不小于电缆两侧各50mm的保护板,保护板上宜设醒目标志。

5 穿越广场、园路时的电缆应穿管敷设。

6 电缆之间、电缆与管道之间平行和交叉时的最小净距应符合表 6.2.12 的规定。

表 6.2.12 电缆之间、电缆与管道之间平行和交叉时的最小净距

项次	项目	最小净距(m)	
		平行	交叉
1	电力电缆间及其与控制电缆间	0.1	0.5
2	不同使用部门的电缆间	0.5	0.5
3	电缆与地下管道间	0.5	0.5
4	电缆与油管道、可燃气体管道间	1.0	0.5
5	电缆与建筑物基础(边线)间	0.6	—
6	电缆与热力管道及热力设备间	2.0	0.5
7	电缆与苗木中心间	1.0	1.0

检验方法：观察，尺量。
检验数量：全数检查。

6.2.13 电缆非直埋敷设应符合下列规定：

1 架空线路与苗木间的垂直距离不得小于1.5m，水平距离不得小于1.0m。

2 电缆支架应焊接牢固，进行防腐处理。

检验方法：观察，尺量。
检验数量：全数检查。

6.2.14 电缆在埋地敷设时，覆土深度不得小于0.7m，现场条件在不能满足该埋设深度时应按设计要求敷设。

检验方法：尺量。
检验数量：全数检查。

6.2.15 沟槽高程、宽度、长度允许偏差应符合表 6.2.15 的规定。

表 6.2.15 沟槽高程、宽度、长度允许偏差

项次	项目	允许偏差	检验方法
1	槽底高程	±30mm	水准仪测量
2	沟槽宽度	0～50mm	钢尺测量
3	沟槽长度	与设计间距差小于2%	钢尺测量

6.3 园林灯具安装

Ⅰ 主控项目

6.3.1 灯具基础应符合下列规定：

1 灯具基础外观质量不应有严重缺陷。

2 灯具基础不应有影响结构性能、安全性能和灯具安装尺寸偏差。

检验方法：观察，尺量。

检验数量：全数检查。

6.3.2 灯具应符合下列规定：

1 灯具必须有合格证、检验报告。每套灯具的导电部分对地绝缘电阻值必须大于 $2M\Omega$，并有安全认证标志。

2 灯具内部接线为铜芯绝缘电线芯线截面积应不小于 $0.5mm^2$，橡胶或聚氯乙烯（PVC）绝缘电线绝缘层厚度应不小于 0.6mm。

检验方法：观察，仪器测量，检查合格证、检验报告。

检验数量：全数检查。

6.3.3 灯具安装应符合下列规定：

1 立柱式路灯、落地式路灯、草坪灯、特种园艺灯等灯具与基础固定可靠，地脚螺栓应作防锈且备帽，灯具的接线盒或熔断器盒盒盖的防水密封垫完整。

2 立柱及灯具可接近裸露导体接地（PE）或接零（PEN）可

靠,并应有专用接地螺栓且有标识,每套灯具的导电部分对地绝缘电阻值应不小于 $2M\Omega$,每个回路应做重复接地。

3 安装在树上的灯具,其安装环应可调,电线接头部分绝缘良好。

4 用电回路均必须装设漏电保护装置,动作电流不宜大于 30mA,设备的外露可导电部分必须与接地装置可靠连接。

5 潮湿或其他危险性较大的场所,当灯具高度距地面小于 2.4m 时,应采用额定电压为 36V 及以下的照明灯具。

检验方法:观察,仪表测量。

检验数量:全数检查。

6.3.4 水下灯及潜水泵安装应符合下列规定:

1 水下灯必须采用 12V 及以下的电压,且有明显标识。

2 水下灯具安装应符合设计要求,电线接头应设置防水接线盒应易于清洁或检查表面。

3 变压器应采用双线圈隔离变压器,严禁使用自耦式变压器。变压器的一次侧和二次侧均应有适配的熔断器。一次侧应装有专用漏电保护装置,变压器铁芯和二次侧一端应可靠接地(PE)或接零(PEN)。

4 电源的专用漏电保护装置应全部检测合格。

5 自电源引入灯具的导管必须采用绝缘导管,严禁采用金属或有金属护层的导管。

6 水池内使用的潜水泵必须接地(PE)或接零(PEN)可靠,并必须装设漏电保护和热保护装置。自动喷水所用的电磁阀电压不应超过 24V。

7 泵坑必须由盖板、笼子等防止人员坠入的安全防护措施。

检验方法:观察,仪表测量。

检验数量:全数检查。

Ⅱ 一般项目

6.3.5 灯具基础应符合下列规定：

1 灯具基础尺寸、位置应符合设计规定。设计无要求时，基础埋深不小于0.6m，基础平面尺寸应大于灯座尺寸0.1m，基础应采用钢筋混凝土，基础混凝土强度等级不应低于C20。

2 基础内电缆护管从基础中心穿出并应超出基础平面30mm～50mm，钢筋混凝土基础前基坑内无积水。

3 不宜高出草地，避免破坏景观效果。

检验方法：观察，尺量。

检验数量：全数检查。

6.3.6 灯具配件应齐全，无机械损伤、变形、油漆剥落、灯罩破裂等现象；反光器应干净整洁，表面应无明显划痕；灯头应牢固可靠，可调灯头位置应符合设计要求。

检验方法：观察。

检验数量：全数检查。

6.3.7 灯具安装应符合下列规定：

1 园路、广场的固灯安装高度、仰角方向宜保持一致，并与环境协调一致。

2 灯杆不得设在易被车辆碰撞地点，且与供电线路等空中障碍物的安全距离应符合供电有关规定。

检验方法：观察。

检验数量：全数检查。

6.3.8 潜水泵集水井内应清洁无杂物，且有不锈钢网罩。

检验方法：观察。

检验数量：全数检查。

6.4 配电柜、控制柜和配电箱的安装

6.4.1 园林配电柜、台、箱的质量和验收应符合现行国家标准《建筑电气工程施工质量验收规范》GB 50303的规定。

Ⅰ 主控项目

6.4.2 配电控制设备应与保护导体做好可靠连接,应设置防雨、防雷击保护。

检验方法:观察。

检验数量:全数检查。

6.4.3 配电控制设备应布置在地势较高的区域,滨水绿地中的设备基础底标高应高于最大洪水位标高0.5m以上,不得布置在下凹式绿地中。

检验方法:观察,高程测量检查。

检验数量:全数检查。

Ⅱ 一般项目

6.4.4 配电控制设备周边宜有绿化栽植遮挡,并在显眼位置悬挂警示标志。

检验方法:观察。

检验数量:全数检查。

6.5 通电试验

Ⅰ 主控项目

6.5.1 照明系统通电,灯具回路控制应与照明配电箱及回路的标识一致;开关与灯具控制顺序相对应,风扇的转向及调速开关

应正常。

检验方法:观察。

检验数量:全数检查。

6.5.2 公园广场照明系统通电连续试运行时间应为24h,游园、单位及居住区绿地照明系统通电连续试运行时间应为8h。所有照明灯具均应开启,且宜2h记录运行状态1次,连续试运行时间内无故障。

检验方法:观察。

检验数量:全数检查。

7 园林给排水工程

7.1 一般规定

7.1.1 园林给排水工程所使用的主要材料、成品、半成品、配件、器具和设备应有质量合格证明文件,规格、型号及性能检测报告应符合国家技术标准或设计要求。

7.1.2 所有材料进场时应对品种、规格、外观等进行验收。材料包装完好,表面无划痕及外力冲击破损。

7.1.3 主要器具和设备必须有完整的安装使用说明书。在运输、保管和施工过程中,应采取有效措施防止损坏或腐蚀。

7.1.4 阀门安装前,应作强度和严密性试验。试验应在每批(同牌号、同型号、同规格)数量中抽查10%,且不少于1个。对于安装在主干管上起切断作用的闭路阀门,应逐个做强度和严密性试验。

7.1.5 管网干管应靠近供水点和水量调节设施,干管应避开道路铺设。

7.1.6 铺设给水设备材料时,不得破坏隔(阻)根层。

7.1.7 涉及管井盖、窨井盖周边区域,应与周边地形景观相协调。

7.2 沟槽开挖

Ⅰ 主控项目

7.2.1 严禁扰动槽底土壤,严禁长时间晾槽、曝晒。
  检验方法:观察。
  检验数量:全数检查。

Ⅱ 一般项目

7.2.2 槽底不得受水浸泡或受冻。

检验方法:观察。

检验数量:全数检查。

7.2.3 沟槽允许偏差应符合表 7.2.3 的规定。

表 7.2.3 沟槽允许偏差

项次	项目	允许偏差(mm)	检验数量 范围(m)	点数	检验方法
1	槽底高程	0,-30	30	3	水准仪测量
2	槽底中线每侧宽度	±20	30	6	挂中线用尺量,每侧测3点
3	沟槽边坡	不小于设计规定	30	6	坡度尺检验,每侧测3点

7.3 给水管道安装

Ⅰ 主控项目

7.3.1 给水管道管顶覆土埋深严禁小于500mm,穿越道路部位的埋深严禁小于700mm。

检验方法:观察,尺量。

检验数量:全数检查。

7.3.2 给水管道不得直接穿越污水井、化粪池、公共厕所等污染源。

检验方法:观察。

检验数量:全数检查。

7.3.3 管道接口法兰、卡扣、卡箍等应安装在检查井或地沟内,不应埋在土壤中。

检验方法:观察。

检验数量:全数检查。

7.3.4 给水系统各种的井室内安装管道,如无设计要求,井壁距法兰或承口的距离:管径小于等于450mm时,距离应大于等于250mm;管径大于450mm时,距离应不小于350mm。

检验方法:观察,尺量。

检验数量:全数检查。

7.3.5 管网必须进行水压试验,试验压力为工作压力的1.5倍,但应大于等于0.6MPa。

检验方法:仪表测量。

检验数量:全数检查。

7.3.6 镀锌钢管、钢管的埋地防腐必须符合设计要求;设计无要求时,可按表7.3.6的规定执行。卷材与管材间应粘贴牢固,无空鼓、滑移、接口不严等。

表7.3.6 管道防腐层种类

防腐层层次	正常防腐层	加强防腐层	特加强防腐层
1(从金属表面起)	冷底子油	冷底子油	冷底子油
2	沥青涂层	沥青涂层	沥青涂层
3	外包保护层	加强包扎层	加强保护层
		(封闭层)	(封闭层)
4	—	沥青涂层	沥青涂层
5	—	外保护层	加强包扎层
		—	(封闭层)
6	—	—	沥青涂层
7	—	—	外包保护层
防腐层厚度(mm)	≥3	≥6	≥9

7.3.7 给水管道竣工后,必须对管道进行冲洗;在给水管道及设施上,应设置防止误饮误接的明显标志。

检验方法:观察。

检验数量:全数检查。

7.3.8 给水管随地形敷设,在管路系统高凸处应设自动排水阀,在管路系统低凹处应设泄水阀。

检验方法:观察,量测,测试。

检验数量:全数检查。

Ⅱ 一般项目

7.3.9 管道的坐标、标高、坡度应符合设计要求。

7.3.10 管道连接应符合工艺要求,阀门、水表等安装位置应正确。塑料给水管道上的水表、阀门等设施其重量或启闭装置的扭矩不得作用于管道上;当管径大于等于50mm时,必须设独立支承装置。

检验方法:观察,尺量。

检验数量:全数检查。

7.3.11 给水管道与污水管道在不同标高处平行敷设时,其垂直间距不应大于500mm。给水管管径小于等于200mm的,管壁水平间距应不小于1.5m;管径大于200mm的,间距应不小于3m。

检验方法:观察,尺量。

检验数量:全数检查。

7.4 排水管道安装

Ⅰ 主控项目

7.4.1 排水管道的坡度必须符合设计要求,严禁无坡或倒坡。

检验方法:仪器测量。

检验数量:全数检查。

7.4.2 管道埋设前必须做灌水试验和通水试验,排水应畅通,无堵塞,管接口无渗漏。

检验方法:观察。

检验数量:全数检查。

7.4.3 各种排水管及井池土方工程、沟底处理、管道穿井壁处理、管沟及井池周围的回填要求,均参照排水沟及井室规范规定。

检验方法:观察。

检验数量:全数检查。

7.4.4 排水应采用雨水、污水分流制。

检验方法:观察,测试。

检验数量:全数检查。

Ⅱ 一般项目

7.4.5 管道的坐标和标高应符合设计要求,安装允许偏差应符合表7.4.5的规定。

表7.4.5 排水管道安装的允许偏差

项次	项目		允许偏差(mm)	检验方法
1	坐标	埋地	100	拉线,尺量
		敷设在沟槽内	50	
2	标高	埋地	±20	水平仪、拉线和尺量
		敷设在沟槽内	±20	
3	水平管道纵横向弯曲	每5m长	10	拉线,尺量
		全长(两井间)	30	

7.4.6 承插接口的排水管道安装时,管道和管件的承口应与水流方向相反。

检验方法:观察。

检验数量:全数检查。

7.4.7 混凝土管或钢筋混凝土管采用抹带接口时,应符合下列规定:

1 抹带不得有裂纹。
2 钢丝网应放入管道下方,钢丝抹压牢固,不得外露。
3 抹带厚度不得小于管壁的厚度,宽度宜为 80mm～100mm。
检验方法:观察,量测。
检验数量:全数检查。

7.5 收水井、支管

Ⅰ 主控项目

7.5.1 井框、井箅必须完整无损。
检验方法:观察。
检验数量:全数检查。

7.5.2 井内严禁有垃圾等杂物,井周及支管回填必须满足路基要求。
检验方法:观察。
检验数量:全数检查。

7.5.3 支管必须顺型,不得有错口,管头应与井壁平齐。
检验方法:观察。
检验数量:全数检查。

Ⅱ 一般项目

7.5.4 收水井内壁抹面必须平整,不得起壳、裂缝。
检验方法:观察。

7.5.5 井框、井箅应安装平稳。
检验方法:观察。
检验数量:按批抽样。

7.5.6 收水井、支管允许偏差应符合表7.5.6的规定。

表7.5.6 收水井、支管允许偏差

项次	项目	允许偏差（mm）	检验数量范围	检验数量点数	检验方法
1	井框与井壁吻合	10	座	1	尺量
2	井口高程	-10,-30	座	1	与井周路面比
3	井位与路边线吻合	20	座	2	尺量
4	井内尺寸	+20,0	座	1	尺量

7.6 沟槽回填

Ⅰ 主控项目

7.6.1 回填土的压实度标准应符合设计规定。
检验方法：环刀法。
检验数量：每100m检查1组。

Ⅱ 一般项目

7.6.2 在管顶上500mm内，不得回填大于100mm的石块、砖块等杂物。
检验方法：观察，尺量。
检验数量：全数检查。

7.6.3 回填时，槽内应无积水，不得回填淤泥、腐殖土、冻土及有机物质。
检验方法：观察，尺量。
检验数量：全数检查。

7.7 喷灌系统的安装

7.7.1 本节适用于园林绿化工程中绿地喷灌系统安装和调试的质量验收。

Ⅰ 主控项目

7.7.2 喷头规格和射程应符合设计要求,洒水均匀,符合设计的景观艺术效果。

检验方法:观察,检查产品出厂合格证、管道试压冲洗记录。

检验数量:全数检查。

7.7.3 绿地喷灌工程应符合安全使用要求,喷头不得喷洒到道路上。

检验方法:观察。

检验数量:全数检查。

7.7.4 喷头定位应准确,埋地喷头的安装应符合设计和地形的要求。

检验方法:观察。

7.7.5 喷头高低应根据苗木要求调整,各接头无渗漏,各喷头达到工作压力。

检验方法:观察。

Ⅱ 一般项目

7.7.6 裸露器材应符合防盗、防冻、防晒等要求。

7.7.7 管道回填应符合施工规范要求。

检验方法:观察,量测。

附录 A 园林绿化单位工程、分部(子分部)工程、分项工程划分

表 A 园林绿化单位工程、分部(子分部)工程、分项工程划分

单位工程	分部工程	子分部工程	分项工程
园林绿化工程	栽植工程	栽植基础	地形造型,栽植土,栽植土表层土整理
		常规栽植	植物材料(乔木、灌木、花坛、花境和地被植物、草坪、水生植物),苗木挖掘,苗木装运,苗木假植,苗木修剪,乔灌木栽植(一般灌木栽植、行道树栽植、大规格乔木栽植),苗木支撑,花坛、花境、地被植物栽植
		草坪建植	一般草坪建植,观赏型和运动型草坪建植
		水生植物栽植	栽植槽,水生植物栽植
		立体绿化栽植	屋顶绿化栽植、垂直绿化栽植、坡面绿化栽植、沿口绿化、棚架绿化
		施工期养护	施工期的植物养护
	园林小品工程	广场和路面铺装	基层,结合层,面层
		假山叠石工程	假山,叠石,置石,塑山(骨架、基架、表面、涂层、钢材料、焊缝、面板、抹灰)
		理水工程	人工湖、溪流,水景水池(沟槽、垫层、主体、装饰设施安装),水景喷泉、瀑布、跌水、喷雾
		园林木构件工程	木结构制作,木构件安装
		园林设施安装	园林设施安装(座椅、标牌、果皮箱等)
	园林电气安装工程	电缆敷设	电缆,电缆管,电缆绝缘电阻,电缆敷设(直埋敷设、非直埋敷设),接线,沟槽工程,电缆井
		园林灯具安装	灯具基础,灯具,灯具安装,水下灯及潜水泵安装
		配电柜、控制柜和配电箱的安装	配电控制设备的安装
		通电测试	照明系统通电测试
	园林给排水工程	管道工程	沟槽开挖,沟槽回填,给水管道安装,排水管道安装
		喷灌系统安装	喷头安装
		收水井、支管	收水井,支管
	园林建筑工程	按现行国家标准《建筑工程施工质量验收统一标准》GB 50300 划分	

附录 B 园林绿化分项工程质量验收项目和要求

表 B 园林绿化分项工程质量验收项目和要求

序号	分项工程名称	主控项目	一般项目	检验方法	检验数量
1	栽植土	4.2.1条	4.2.4条	观察,挖样洞,核查检测报告、材料合格证书、设计资料	按面积抽查10%,每2000m²为1个点
2	栽植土表层整理	4.2.2条	—	观察,尺量	每10 000m²检查5处,不足10 000m²的不少于3处
3	地形造型	—	4.2.3条	观察和尺量,检查记录单	每10 000m²检查5处,不足10 000m²的不少于3处
4	乔木植物材料	4.3.1条、4.3.2条	4.3.3条~4.3.5条	观察,量测,检查、核查	非容器苗乔木植物材料每100株检查10株,每株为1点,总点数不得少于10点,少于100株按10株抽查;容器苗乔木植物材料全数检查;乔木材料规格允许偏差与行道树植物材料每100株检查10株,每株为1点,少于100株全数检查
5	灌木植物材料	4.3.1条、4.3.2条	4.3.6条、4.3.7条	观察,量测,检查、核查	非容器灌木植物材料每100株检查10株,每株为1点,且不少于10点,少于100株全数检查;容器灌木植物材料全数检查;一般灌木植物材料规格允许偏差每100株检查10株,每株为1点,少于100株全数检查;球类灌木植物与棕榈类植物材料规格允许偏差每100株检查10株,每株为1点,少于20株全数检查

续表 B

序号	分项工程名称	主控项目	一般项目	检验方法	检验数量
6	花坛、花境植物材料	4.3.1条、4.3.2条	4.3.8条	观察,检查,核查	按数量抽查10%,10株为1点,不少于5点,少于50株全数检查
7	草坪	4.3.1条、4.3.2条	4.3.9条	观察,量测,检查,核查	按面积抽查10%,500m²为1点,不少于3点
8	水生植物	4.3.1条、4.3.2条	4.3.10条	观察,检查,核查	每100株检查10株,少于100株全数检查
9	立体绿化植物	4.3.1条、4.3.2条	4.3.11条	观察,检查,核查	每100株检查10株,少于100株全数检查
10	苗木挖掘	4.4.1条~4.4.3条	—	观察,量测	乔木挖掘按数量抽查10%,每10株为1点,不少于5个点,少于50株全数检查;灌木苗木按数量抽查10%,每10株为1点,不少于5点,≤50株应全数检查
11	苗木装运	—	4.4.4条	检查运输资料,观察	按数量抽查10%,每10株为1点,不少于5个点,少于50株全数检查
12	苗木假植	—	4.4.5条	观察	按数量抽查10%,每10株为1点,不少于5点,少于50株全数检查
13	苗木修剪	4.5.1条	4.5.2条~4.5.5条	观察和尺量检查;检查剪草记录	苗木与架空线的安全距离全数检查;一般苗木与棕榈类苗木修剪按数量抽查10%,每10株为1点,不少于5点,少于50株全数检查;行道树修剪全数检查;草坪修剪每500m²抽查不少于3处
14	一般乔灌木栽植	4.6.1条、4.6.2条	4.6.3条	观察,量测	每100个检查10个,少于100个全数检查

续表 B

序号	分项工程名称	主控项目	一般项目	检验方法	检验数量
15	行道树栽植	4.6.1条、4.6.2条	4.6.4条	观察,量测	每100个检查10个,少于100个全数检查
16	大规格乔木栽植	4.6.1条、4.6.2条	4.6.5条	观察,量测	每100个检查10个,少于100个全数检查
17	苗木支撑	—	4.6.6条	观察检查、尺量、重型地锚的千斤顶测试	每100个检查10个,少于100个全数检查
18	花坛、花境与地被植物栽植	4.7.1条	4.7.2条、4.7.3条	观察,量测,核查	花坛、花境的栽植按种类或品种栽植数的10%抽样;地被植物栽植按地被表面积抽查10%,每300m²~500m²为1点,不少于3点,≤1000m²应全数检查
19	草坪建植	4.8.2条~4.8.4条	4.8.5条~4.8.8条	观察,量测	一般型草坪覆盖率按面积抽查10%,每500m²为1点,不少于3点;观赏型草坪、运动型草坪覆盖率每500m²抽查不少于3处;少于500m²全数检查;运动型草坪基质、坪床、排水系统每500m²抽查不少于3处;少于500m²全数检查
20	水生植物栽植槽	4.9.3条	4.9.4条	量测,观察,核查材料检测报告、隐蔽工程验收记录(详见附录D)	按数量10%抽查
21	水生植物栽植	—	4.9.5条、4.9.6条	观察,量测	每100株检查10株,少于100株全数检查

续表 B

序号	分项工程名称	主控项目	一般项目	检验方法	检验数量
22	屋顶绿化	4.10.2条	4.10.6条	量测,核查隐蔽工程验收记录(详见附录D);观察,核查资料(检测报告、材料合格证书、设计资料)	普通防水层按面积抽查10%,且不少于5点;耐根穿刺层、排(蓄)水层、隔离过滤层每10延长米检查一处,不足10延长米全数检查;种植土层按面积抽查10%,且不少于5点;植物材料层每100株检查10株,少于100株全数检查
23	垂直绿化	4.10.3条	4.10.7条	观察,量测,核查资料	按数量或面积抽查10%,且不少于5点;垂直绿化构件全数检查
24	沿口绿化	4.10.4条	—	观察,核查资料	按数量抽查10%,且不少于5点
25	棚架绿化	4.10.5条	—	观察,核查资料	按数量抽查10%,且不少于5点
26	施工期植物养护	4.11.1条	4.11.2条	观察	按数量抽查10%,且不少于5点
27	广场和路面铺装的基层	5.2.3条5.2.9条	—	观察,检查	200m²检查3处,不足200m²检查不少于1处
28	广场和路面铺装的结合层	5.2.4条、5.2.5条	—	观察	200m²检查3处,不足200m²检查不少于1处
29	广场和路面铺装的面层	5.2.6条~5.2.10条	5.2.12条、5.2.13条	观察和尺量检查,核查材料进场验收记录、材料合格证书、检测报告、配合比报告、隐蔽工程验收记录(详见附录D)	200m²检查3处,不足200m²检查不少于1处
30	真石假山、叠石、置石	5.3.5条~5.3.9条	5.3.12条~5.3.20条	观察,锤击,尺量	全数检查

续表 B

序号	分项工程名称	主控项目	一般项目	检验方法	检验数量
31	塑山	5.3.10条、5.3.11条	5.3.21条、5.3.23条	观察、核查产品合格证书、检查钢厂材料证明、测试报告以及类似可证实资料，目视检查，磁粉检测，超声检测	塑山表面及钢结构全数检查，塑山焊接、水泥砂浆按工程部位的25%进行检测
32	人工湖	5.4.6条	5.4.20条	观察，量测	每500m²抽查不少于3处；少于500m²全数检查
33	溪流	5.4.7条~5.4.11条	5.4.21条	观察，量测	每500m²抽查不少于3处；少于500m²全数检查
34	水景水池沟槽	5.4.12条	5.4.22条	观察，量测，核查隐蔽工程验收记录（详见附录D）、检测报告	每20m²剖面抽查2点；每40m²剖面每侧1点
35	水景水池垫层	5.4.13条、5.4.14条	5.4.23条、5.4.24条	观察，量测，核查设计文件、测试报告	每100m²抽查2点
36	水景水池主体结构	5.4.15条	5.4.25条	观察，尺量	池底高程每20m²抽查1点，其他每20m²抽查2点
37	水景水池装饰	5.4.16条	5.4.26条	出厂合格证，现场观察	接缝宽度每10m²抽查2点，水平度、相邻板块高差、边线和顺度每5m²抽查2点
38	水景水池设施安装	5.4.17条~5.4.19条	5.4.27条、5.4.28条	观察，尺量	—
39	水景喷泉	—	5.4.29条、5.4.30条	观察	—
40	瀑布、跌水	—	5.4.31条	观察	—
41	喷雾	—	5.4.32条	观察	—
42	木构件	5.5.2条~5.5.6条	—	观察，检查材料合格证明、检测报告	—

续表 B

序号	分项工程名称	主控项目	一般项目	检验方法	检验数量
43	木构件制作	5.5.7、5.5.8条	5.5.11条	观察,量测,核查材料合格证书、核查检测报告	—
44	木构件安装	5.5.9条	5.5.12条	观察,核查构件合格证书、隐蔽工程验收记录	每200m²检查3处,不足200m²的不少于1处
45	园林设施安装	5.6.1条、5.6.2条	—	手动,观察	全数检查
46	电缆	6.2.1条	—	观察,检查合格证、检验报告	全数检查
47	电缆管	6.2.2条	6.2.10条	检查合格证、检验报告,观察,仪表测量	全数检查
48	电缆绝缘电阻	6.2.3条	—	仪表测量	全数检查
49	电缆直埋敷设	6.2.4条	6.2.12条	观察,尺量	全数检查
50	电缆非直埋敷设	6.2.5条	6.2.13条	观察,尺量	全数检查
51	电缆头制作	6.2.6条	—	仪器测量	全数检查
52	接线	6.2.7条、6.2.8条	—	观察,查看型号、规格,仪器测量	全数检查
53	沟槽工程	6.2.9条	6.2.14条、6.2.15条	尺量	全数检查
54	电缆井	—	6.2.11条	观察,尺量	全数检查
55	灯具基础	6.3.1条	6.3.5条	观察,尺量	全数检查
56	灯具	6.3.2条	6.3.6条	观察,仪器测量,检查合格证、检查报告	全数检查

续表 B

序号	分项工程名称	主控项目	一般项目	检验方法	检验数量
57	灯具安装	6.3.3条	6.3.7条	观察,仪表测量	全数检查
58	水下灯及潜水泵安装	6.3.4条	6.3.8条	观察,仪表测量	全数检查
59	配电柜、控制柜和配电箱的安装	6.4.2条、6.4.3条	6.4.4条	观察,高程测量检查	全数检查
60	照明系统通电测试	6.5.1条、6.5.2条	—	观察	全数检查
61	沟槽开挖	7.2.1条	7.2.2条、7.2.3条	观察,测量,尺量	全数检查
62	给水管道安装	7.3.1条~7.3.8条	7.3.9条~7.3.11条	观察,尺量,仪表测量,测试	全数检查
63	排水管道安装	7.4.1条~7.4.4条	7.4.5条~7.4.7条	观察,尺量	全数检查
64	收水井、支管	7.5.1条~7.5.3条	7.5.4条~7.5.6条	观察,尺量	按批抽样
65	沟槽回填	7.6.1条	7.6.2条、7.6.3条	观察,尺量	压实度每100m检查1组;石块、积水等全数检查
66	喷灌系统安装	7.7.1条~7.7.5条	7.7.6条、7.7.7条	观察,检查合格证、管道试压冲洗记录	全数检查

附录 C 园林绿化单位工程质量竣工验收

C.0.1 园林绿化单位工程质量竣工验收报告应符合表 C.0.1 的规定。

表 C.0.1 园林绿化单位工程质量竣工验收报告

工程名称					
施工单位		单位技术负责人		开工日期	
项目负责人		项目技术负责人		竣工日期	
工程概况					
工程造价		万元	构筑物面积	m^2	
			绿化面积	m^2	
本次竣工验收工程概况描述:					

C.0.2 单位工程质量竣工验收记录应符合表 C.0.2 的规定。

表 C.0.2 单位工程质量竣工验收记录

工程名称						
施工单位		单位技术负责人			开工日期	
项目负责人		项目技术负责人			竣工日期	
序号	项目	验收记录				验收结论
1	分部工程	共___分部,经查___分部 符合标准及设计要求___分部				
2	质量控制资料核查	共___项,经审查符合要求___项 经核定符合要求___项				
3	安全和主要使用功能及涉及植物成活要素核查及抽查结果	共核查___项,符合要求___项, 共抽查___项,符合要求___项, 经返工处理符合要求___项				
4	观感质量验收	共抽查___项,符合要求___项, 不符合要求___项				
5	植物成活率	共抽查___项,符合要求___项, 不符合要求___项				
6	综合验收结论					
参加验收单位	建设单位 (公章)		监理单位 (公章)	施工单位 (公章)		勘察、设计单位(公章)
	单位(项目)负责人:		总监理工程师:	单位负责人:		单位(项目)负责人:
	年 月 日		年 月 日	年 月 日		年 月 日

C.0.3 单位工程质量控制资料核查记录应符合C.0.3的规定。

表C.0.3 单位工程质量控制资料核查记录

工程名称：

项目	资料名称	份数	核查意见	核查人
绿化工程	图纸会审、设计变更、洽谈记录、定点放线			
	施工材料、配件、出厂合格证书和进场检验记录			
	检测报告			
	施工记录			
	分部分项质量验收记录			
	隐蔽工程记录及相关材料检测试验记录			
	预制构件			
	地基基础			
	管道、设备强度试验、严密性实验记录			
	系统清水、灌水、通水实验记录			
	上、下水压力试验记录			
	盛水、泼水、通水试验记录			
	管道设备强度焊口检查和严密性试验记录			
	绝缘、接地电阻测试记录			
	分部分项质量验收记录			
	工程质量事故及事故调查表			
	新材料、新工艺施工记录			

结论：	结论：
施工单位项目负责人： 年 月 日	总监理工程师： (建设单位项目负责人) 年 月 日

C.0.4 单位工程安全功能和植物成活要素检验资料核查及主要功能抽查记录应符合表 C.0.4 的规定。

表 C.0.4 单位工程安全功能和植物成活要素检验
资料核查及主要功能抽查记录

工程名称			施工单位		
序号	安全和功能检查项目	份数	核查意见	抽查结果	核(抽)查人
1	有防水要求的淋(蓄)水试验记录				
2	山石牢固性检查记录				
3	喷泉水景效果检查记录				
4	排盐(渗水)管道通水试验记录				
5	砂石、混凝土等工程材料(包括土壤理化性质检测报告)				
6	水理化性质检测报告				
7	种子发芽试验记录				
结论:					

施工单位项目负责人：　　　　　总监理工程师：
　　　　　　　　　　　　　　　（建设单位项目负责人）

　　年　月　日　　　　　　　　　年　月　日

C.0.5 单位工程观感质量检查记录应符合表 C.0.5 的规定。

表 C.0.5 单位工程观感质量检查记录

序号	项目		抽查质量状况				质量评价		
							好	一般	差
1	绿化工程	绿地的平整度及造型							
2		植物生长势							
3		植株形态							
4		植物定位、朝向							
5		植物配置							
6		外观效果							
7		园路铺装表面洁净							
8		园路铺装色泽一致							
9		园路铺装图案清晰							
10		平整度							
11		园路铺装曲线圆滑							
12		假山、叠石色泽相近							
13		假山、叠石纹理统一							
14		假山、叠石形态自然完整							
15		水景水池:颜色、纹理、质感协调统一							
16		设施安装:防锈处理、色泽鲜明、不起皱皮及疙瘩							
观感质量综合评价									
检查结论	施工单位项目负责人: 年 月 日				总监理工程师: (建设单位项目负责人) 年 月 日					

附录 D 隐蔽工程验收记录表

表 D 隐蔽工程验收记录表

工程名称			项目经理	
分项工程名称				
隐蔽工程项目				
施工单位				
施工图名称及编号				
隐蔽工程部位	质量要求	施工单位自查记录	监理(建设)单位验收记录	
施工单位自查结论	施工单位项目技术负责人： 年　月　日			
监理(建设)单位验收结论	监理工程师(建设单位项目负责人)： 年　月　日			

附录 E 苗木成活率统计表

表 E 苗木成活率统计表

序号	树种	栽植日期	栽植方法	苗木来源	规定成活率	验收日期	验收结果			成活率
							实种数	成活数	死亡数	
1										
2										
3										
4										
5										
6										
7										
8										
9										
10										
11										
12										
13										
14										
15										

项目负责人： 监理负责人：

检查人： 检查人：

日期： 日期：

附录 F 假山基础及土方工程验收表

表 F 假山基础及土方工程验收表

工程名称		部位		验收日期	年 月 日
基底土质及柱桩情况					
验收意见					
设计单位		建设单位	监理单位	施工单位	
				验收人	施工负责人

本标准用词说明

    1 执行本标准条文时,根据要求严格程度不同的用词说明如下,以便在执行中区别对待:
      1)表示很严格,非这样做不可的用词:
         正面词采用"必须";
         反面词采用"严禁"。
      2)表示严格,在正常情况下均应这样做的用词:
         正面词采用"应";
         反面词采用"不应"或"不得"。
      3)表示允许稍有选择,在条件许可时应首先这样做的用词:
         正面词采用"宜";
         反面词采用"不宜"。
      4)表示有选择,在一定条件下可以这样做的用词,采用"可"。
    2 条文中指定应按其他标准、规范的规定执行的写法为:"应按……执行"或"应符合……的规定(要求)"。

引用标准名录

1 《钢结构工程施工质量验收规范》GB 50205
2 《建筑地面工程施工质量验收规范》GB 50209
3 《建筑工程施工质量验收统一标准》GB 50300
4 《民用建筑室内环境污染控制规范》GB 50325
5 《民用建筑设计通则》GB 50352
6 《天然花岗石建筑板材》GB/T 18601
7 《天然大理石建筑板材》GB/T 19766
8 《地表水环境质量标准》GB 3838
9 《生活饮用水卫生标准》GB 5749
10 《建筑地基基础工程施工质量验收规范》GB 50202
11 《建筑给水排水及采暖工程施工质量验收规范》GB 50242
12 《建筑电气工程施工质量验收规范》GB 50303
13 《绿化用有机基质》GB/T 3389
14 《绿化种植土壤》CJ/T 340
15 《钢筋焊接验收规范》JGJ 18
16 《普通混凝土用砂、石质量及检验方法标准》JGJ 52
17 《园林绿化工程施工及验收规范》CJJ 82
18 《有机肥料》NY 525
19 《绿化用表土保护和再利用技术规范》DB31/T 661
20 《绿化有机覆盖物应用技术规范》DB31/T 1035
21 《园林绿化植物栽植技术规程》DG/TJ 08—18
22 《园林绿化养护技术规程》DG/TJ 08—19
23 《行道树栽植技术规程》DG/TJ 08—53
24 《花坛、花境技术规程》DG/TJ 08—66

25 《园林绿化草坪建植和养护技术规程》DG/TJ 08-67
26 《立体绿化技术规程》DG/TJ 08-75
27 《假山叠石工程施工规程》DG/TJ 08-211
28 《行道树养护技术规程》DG/TJ 08-2105

上海市工程建设规范

园林绿化工程施工质量验收标准

DG/TJ 08-701-2020
J 10042-2020

条文说明

2020 上海

目 次

1 总 则 ………………………………………………… 97
2 术 语 ………………………………………………… 98
3 基本规定 ……………………………………………… 99
　3.1 质量行为的要求 …………………………………… 99
　3.2 工程质量验收的划分 ……………………………… 100
　3.3 验收程序和组织 …………………………………… 100
　3.4 质量验收基本要求 ………………………………… 101
4 栽植工程 ……………………………………………… 102
　4.1 一般规定 …………………………………………… 102
　4.2 栽植基础 …………………………………………… 103
　4.3 植物材料 …………………………………………… 103
　4.4 苗木挖掘、装运和假植 …………………………… 104
　4.5 苗木修剪 …………………………………………… 104
　4.6 乔灌木栽植 ………………………………………… 105
　4.7 花坛、花境与地被植物栽植 ……………………… 105
　4.8 草坪建植 …………………………………………… 106
　4.9 水生植物栽植 ……………………………………… 107
　4.10 立体绿化栽植 …………………………………… 107
　4.11 施工期养护 ……………………………………… 107
5 园林小品工程 ………………………………………… 108
　5.2 广场和路面铺装 …………………………………… 108
　5.3 假山叠石工程 ……………………………………… 108
　5.4 理水工程 …………………………………………… 108
　5.5 园林木构件工程 …………………………………… 109

6 园林电气安装工程 …… 110
6.1 一般规定 …… 110
6.2 电缆敷设 …… 110
6.3 园林灯具安装 …… 110
6.4 配电柜、控制柜和配电箱的安装 …… 111
6.5 通电试验 …… 111
7 园林给排水工程 …… 112
7.1 一般规定 …… 112
7.2 沟槽开挖 …… 112
7.3 给水管道安装 …… 113
7.4 排水管道安装 …… 114
7.6 沟槽回填 …… 114
7.7 喷灌系统的安装 …… 115

Contents

1 General provisions ··· 97
2 Terms ·· 98
3 Basic regulations ·· 99
   3.1 Requirements for quality behavior ····················· 99
   3.2 Division of engineering quality acceptance ············ 100
   3.3 Procedures and organization of project acceptance
      ··· 100
   3.4 Basic requirements for quality acceptance ············ 101
4 Planting engineering ·· 102
   4.1 General requirements ······································ 102
   4.2 Basis engineering of planting ···························· 103
   4.3 Plants ··· 103
   4.4 Digging and transporting and temporary storage for plants ··· 104
   4.5 Tree pruning before planting ··························· 104
   4.6 Trees and shrubs planting ······························· 105
   4.7 Flower beds, flower borders and ground cover planting
      ··· 105
   4.8 Lawn building ·· 106
   4.9 Aquatic plants planting ··································· 107
   4.10 Green building planting ································· 107
   4.11 Maintenance of planting during construction period
      ··· 107

5 Garden ornaments engineering ················· 108
   5.2 Square and pavement ···················· 108
   5.3 Specification for rockery laying ············ 108
   5.4 Layout waters engineering ················ 108
   5.5 Garden wood component engineering ········ 109
6 Garden electrical installation engineering ········· 110
   6.1 General requirements ···················· 110
   6.2 Cable laying ························· 110
   6.3 Landscape lighting installation ············· 110
   6.4 Installation of distribution cabinet and control cabinet
       ·· 111
   6.5 Power-on test ························· 111
7 Garden water supply and drainage engineering ······ 112
   7.1 General requirements ···················· 112
   7.2 Trench excavation ······················ 112
   7.3 Water supply pipe installation ············· 113
   7.4 Sprinkler irrigation system installation ········ 114
   7.6 Trench backfill ························ 114
   7.7 Water collecting well and branch pipe ········ 115

1 总　则

1.0.1 为了规范统一园林绿化工程施工及质量验收行为，执行国家法律、法规，依法进行施工。按照园林绿化工程的客观规律，使工程施工质量的全过程都处于受控状态，有助于园林绿化工程施工和管理进一步标准化、规范化、程序化，特制定本标准。

1.0.2 本条规定了本标准的适用范围，从施工准备进行质量事前控制，施工过程进行质量事中控制，竣工验收进行事后控制，它适用所有的园林绿化工程质量验收，可作为建设单位、监理单位、质量监督单位的验收标准。

1.0.3 由于园林绿化工程涉及的内容很多，本标准的编写不可能尽其完善，故有些园林工程，如：园桥、部分园路等应按照国家现行的市政工程质量检验评定标准执行，另有园林建筑、园林仿古建筑工程应按国家现行的建筑工程和古建筑工程质量验收标准执行。此外，园林绿化工程应优先选用环保材料，应符合节能减排和建设生态文明规定，同时也应采用新材料、新工法、新工艺等做法，这些工程的质量验收方法应符合国家现行相关标准的规定。

2 术 语

　　本章给出了 15 条术语,均系本标准有关章节中所引用的。在编写时参照了现行行业标准《园林基本术语标准》CJJ/T 91、《城市绿化工程施工及验收规范》CJJ 82 等相关标准中的术语,本标准所列术语是从本标准的角度赋予其含义的,含义不一定是术语的定义,主要说明术语所指的工程内容,同时也分别给出了相应的推荐性英文术语,该英文术语不一定是国际上的标准术语,仅供参考。

3 基本规定

3.1 质量行为的要求

3.1.1 本条明确了园林绿化工程应有设计,并应出具完整的设计图纸。涉及园林建筑工程的,应进行设计审图程序。

3.1.2 园林绿化工程施工单位应建立必要的质量责任制度,应推行生产控制和合格控制的全过程质量控制,应有健全的生产控制和合格控制的质量管理体系。不仅包括原材料控制、工艺流程控制、施工操作控制、每道工序质量检查、相关工序间的交接检验以及专业工种之间等中间交接环节的质量管理和控制要求,还应包括满足施工图设计和功能要求的抽样检验制度等。施工单位还应通过内部的审核与管理者的评审,找出质量管理体系中存在的问题和薄弱环节,并制定改进的措施和跟踪检查落实等措施,使质量管理体系不断健全和完善。上这内容是使施工单位不断提高园林绿化工程施工质量的基本保证。

3.1.3 施工准备包括组建施工项目部,确定施工项目负责人,代表施工单位法人代表履行现场施工的各项工作。施工项目部的人员应明确岗位职责和分工,并建立各项规章制度,进行科学施工和管理。施工组织设计(方案)是工程施工的大纲。施工部署包括了工程项目质量、进度、投资及安全目标的管理和实施,以及劳动力和物资准备工作。施工组织设计(方案)编制后须经过施工单位主管技术领导批准及监理单位、建设单位批准后才能组织实施。

3.1.4 园林工程绿化工程管理的重要内容是数字化工地管理系统,是上海园林绿化工程监督机构通过信息化系统监管施工的重要措施。具体要求：施工单位通过手机 App 端实施项目经理签到、各分部分项施工时影像资料上传等操作。监督员通过 iPad 端实施核查工程人员资格、现场施工情况等操作。本条规定了施工单位未按要求完成园林工程管理将不具备竣工验收条件；园林绿化工程安全质量标准化管理是根据国务院《关于进一步加强安全生产工作的决定》(国发〔2004〕2 号)、建设部《关于开展建筑施工安全质量标准化工作的指导意见》(建质〔2005〕232 号)以及《关于贯彻〈上海市建筑施工安全质量标准化工作实施办法〉(2009 版)若干意见》的精神，同时按照上海市建设工程安全质量监督总站的有关管理要求，为提高本市园林绿化工程安全质量标准化管理水平，拟在本市开展园林绿化工程安全质量标准化工作。本条规定了施工单位未按要求完成安全质量标准化工作将不具备竣工验收条件。

3.2 工程质量验收的划分

3.2.1 本条规定了园林绿化工程的质量是按单位工程、分部(子分部)工程和分项工程划分进行验收。园林绿化工程按栽植、园林小品、园林电气安装、园林给排水、园林建筑 5 个分部和 19 个子分部及相应的分项验收。由于园林绿化工程的特殊性，一个单位工程中 5 个分部、19 个子分部及相应的分项不一定齐全。

3.3 验收程序和组织

3.3.1～3.3.3 上述条文规定了分项工程、分部(子分部)工程、单位工程竣工验收的组织形式以及程序要求。

3.3.4～3.3.5 上述条文规定了验收各方对工程质量验收意见不一致时的处理方式以及提出验收合格后应进行备案的要求。

3.4 质量验收基本要求

3.4.1 本条规定了园林绿化工程质量验收的顺序。

3.4.2 本条规定了园林绿化工程施工质量验收应有以下要求：参加工程施工的各方人员应具备规定的资格；园林绿化工程的施工应符合工程设计文件的要求；园林绿化工程施工质量应符合国家、上海市现行相关专业验收标准的规定；工程质量的验收均应在施工单位自行检查评定的基础上进行；隐蔽工程在隐蔽前应由施工单位通知有关单位进行验收，并应形成验收文件；分项工程的质量应按主控项目和一般项目进行验收；关系植物成活的水、土、机质，涉及机构安全的试块、试件及有关材料，应进行见证取样检测；承担见证取样检测及相关结构安全检测的单位应具有相应资质。

3.4.3 本条规定了分项、分部、单位工程质量等级的具体要求。

3.4.4 本条规定了检验批质量验收按照主控项目、一般项目进行验收。主控项目是对工程功能、使用以及景观效果起主要作用，故主控项目必须做到。一般项目在通常情况下也必须做到，允许偏差项目在规定的范围内允许有偏差，但不能超过允许范围，否则对工程的使用、质量、景观效果将产生一定影响。

3.4.5～3.4.6 上述条文规定了分项工程、分部（子分部）、单位工程质量验收的合格条件，强调了有关功能的检验和抽样检测结果应符合规定是验收合格条件之一。

3.4.7～3.4.8 质量验收记录是工程质量的重要组成部分，上述条文按照检验批、分项工程、分部（子分部）工程、单位工程验收作出了明确规定。

3.4.9 本条规定了当工程质量达不到验收合格标准时，应作相应处理。

4 栽植工程

4.1 一般规定

4.1.1 本条规定了绿化用表土应保护和再利用。表土是指能满足植物健康生长的表层土壤,一般厚度在20cm～40cm之间。表土形成非常缓慢,是一种难以形成的再生资源。园林绿化工程在建设过程中应加强对表土的保护和再利用,这对于生态环境保护以及工程苗木生长质量提高都有积极作用。

4.1.2 本条规定了城市搬迁地、垃圾填埋场、工业用地等区域土壤应进行修复和改良。目前由于城市经济发展、建设用地紧缺、生态环境保护等因素,一些原本在市区的工厂逐渐搬迁离开城市,但由于早期工厂的环保措施相对落后,废弃物排放已污染该区域土壤,造成了重金属超标。因此,应对这些区域土壤进行修复和改良,达到对人、动植物健康不产生影响的环保标准。

4.1.3 本条规定了重盐碱、重黏土壤应进行排盐措施和改良。一是重盐碱土壤含有过多可溶性盐类,增高了土壤溶液的渗透压,引起植物生理干旱;某些盐类离子,甚至会直接毒害植物根系,造成植物吸收营养元素的比例失调;碱土中土壤胶体含有大量交换性钠,增加土壤碱度和恶化土壤物理化学性质,土壤湿时膨胀泥泞、干时收缩坚硬,通透性差,极大影响苗木的生长与成活。二是重黏土通透性极差,影响植物根系正常吸收营养和水分,同时由于不透气会影响根系的正常呼吸作用,产生对根系的毒害物质,从而影响苗木的正常生长。因此,为确保园绿化植物成活和良好生长,应加强对重盐碱、重黏土壤的排盐措施和改良工作。

4.1.4 本条规定了大规格乔木移植应选用苗圃培育的苗木,不应使用野外挖掘的苗木,目前国家林业和草原局以及上海绿化管理部门已颁布明令禁止天然大树进城的管理规定。园林绿化工程应严格执行该项规定。大规格乔木定义:落叶和阔叶常绿乔木胸径在 20cm 以上、针叶常绿乔木株高在 6m 以上或地径在 18cm 以上属于大规格乔木。

4.1.5 园林植物养护的内容较多,应事先编制养护计划,并按计划认真组织实施,将对提高植物成活率和生长势有积极作用。

4.2 栽植基础

4.2.1 本条对栽植土的质量作了具体的要求。栽植土作为园林绿化工程的基础材料,对苗木的成活率和生长势有密切的关系,该条应严格执行;同时该条也明确了栽植土应取样送样检测以及改良材料的质量要求。

4.2.3 本条对园林工程地形造型的尺寸和高程允许偏差、密实度、堆坡营造等作出了具体的要求。

4.2.4 本条规定了屋顶绿化栽植土宜使用轻质土,以减少土壤对屋顶的荷载。

4.3 植物材料

4.3.1 植物材料的质量直接影响景观效果,其品种、规格必须符合设计要求,这是工程质量控制的基本要求。

4.3.2 植物材料带有病虫害会影响苗木质量,易引起扩散。为防止危险病虫害的传入,苗木移植前必须进行检疫,有检疫证明。

4.3.3～4.3.4 上述条文对容器苗乔木和非容器苗乔木的植物材料外观质量要求、规格允许偏差以及相关的检验方法作了具体的规定。

4.3.5 本条对行道树植物材料质量要求作了具体的规定。行道树的植物材料因与公路、人行道、地下管道等交接区域多,故与常规的植物材料要求有所区别。

4.3.6～4.3.7 上述条文对容器苗灌木和非容器苗灌木的植物材料外观质量要求、规格允许偏差以及相关的检验方法作了具体的规定。

4.3.8～4.3.11 上述条文对花坛、花境、草坪、水生植物以及立体绿化的植物材料作了具体规定。

4.4 苗木挖掘、装运和假植

4.4.1 本条参照现行上海市工程建设规范《园林绿化植物栽植技术规程》DG/TJ 08-18 的规定,对挖掘苗木是定方位扎冠、裸根树木挖掘、带土球大树挖掘等作了具体的要求。

4.4.2～4.4.3 上述条文对挖苗时土球的质量要求作了具体规定。移植时土球必须完整,否则会影响苗木成活率。

4.4.4 本条参照了现行上海市工程建设规范《园林绿化植物栽植技术规程》DG/TJ 08-18 的规定,大树重量一般较大,无法人工搬运,需要机械吊装,如果吊装不顺会影响树木根系,有时甚至影响施工工人安全。因此,本条明确了大树吊装的基本方法和程序,应严格执行。

4.4.5 本条参照了现行行业标准《园林绿化工程施工及验收规范》CJJ 82 的规定,苗木根部暴露时间过长会影响其栽植成活率。因此,本条提出了苗木假植的方法及注意事项。

4.5 苗木修剪

4.5.1 本条明确了当苗木生长影响架空线、输变电设备、交通信号灯等后应及时进行修剪,苗木影响电力线和通信线应严格按照

表4.5.1的要求修剪。苗木影响路灯应按乔木中心与路灯杆大于等于2m的原则修剪。苗木影响道路交叉口车辆视距应按乔木中心与道路内侧实线大等于0.75m的原则修剪。

4.5.2 本条对移植苗木修剪作了具体的规定,移植前苗木修剪是可有效减少苗木因蒸腾作用造成的根部缺水现象,有助于苗木生长和成活。

4.5.3 本条规定了苗木移植前的修剪质量要求。

4.5.4 棕榈的顶芽一般没有再生能力,因此不能修剪。

4.5.5 草坪具有顶端优势,1/3修剪后可以促进根系的分蘖,促使草坪密度和抗逆性的提高。修剪时要注意不能在草坪高度较高时一次性低剪,这样会破坏草坪的生长组织,造成草坪枯黄的现象,严重时草坪会因此空秃或易生杂草。

4.6 乔灌木栽植

4.6.1 本条对乔木成活率作了具体的规定,苗木成活率是园林绿化工程主要控制的指标。

4.6.3～4.6.5 上述条文对一般乔灌木、行道树、大规格乔木栽植作了明确的要求。

4.6.6 本条对地上支撑物、牵拉物以及地下钢带、地锚支撑作了具体规定。苗木支撑是保证植物不出现倒伏的主要措施,苗木移植后初期根系不发达很难有效固定,易因风或碰撞造成倾斜或倒伏。苗木倒伏,一方面会影响苗木的成活率,另一方面在人群聚集、交通道路两旁区域等出现苗木倒伏易引发安全事故。因此,乔木栽植后应设置支撑。

4.7 花坛、花境与地被植物栽植

4.7.1 对花坛、花境与地被植物栽植成活率作了定量规定要求。

覆盖率过低会出现黄土裸露景观效果差的现象,因此花坛、花境与地被植物栽植应尽可能全部覆盖土壤。

4.7.2 本条参照现行上海市工程建设规范《花坛、花镜技术规程》DG/TJ 08-66 的规定,对花坛、花境的花卉种植时间和方法作了具体的规定,应严格参照执行,提高栽植质量。

4.7.3 本条对地被植物栽植质量标准、检查方法和检查数量作了具体的规定。

4.8 草坪建植

4.8.1 根据草坪使用目的不同分为三种类别:一般草坪、观赏型草坪和运动型草坪。运动型草坪指用于体育运动的草坪;观赏型草坪专指草坪的景观观赏要求较高的草坪;而一般性草坪是有别于观赏型草坪、运动型草坪而言的,一般指平时配套绿化工程中的草坪。

4.8.2 本条对草坪成坪覆盖率和单个裸露面积作了具体的要求,草坪覆盖率是草坪建植的主要控制内容。

4.8.3 运动型草坪应其特殊性,草坪下必须有排水系统并符合设计要求。

4.8.5 本条参照现行上海市工程建设规范《园林绿化草坪建植和养护技术规程》DG/TJ 08-67 的规定,对草坪的播种建植、草皮铺植、草茎建植、植生带建植作了具体的要求,应严格执行,提高草坪建植质量。

4.8.6 精细平整是草坪平整度的保障,草坪坪床坑洼积水会造成草坪的枯亡。

4.8.7 本条明确了草坪与地被等植物相接处应进行切边,因为城市草坪一般都使用百慕大系列的品种,匍匐茎非常发达,生长速度快,如果不进行切边易侵入其他植物种植区域影响其生长。

4.8.8 本条对观赏型、运动型草坪的坪床相对标高、排水坡度、平整度偏差作了具体的规定。

4.9　水生植物栽植

4.9.3　本条对水生植物栽植槽作了具体规定。
4.9.6　本条对水生植物栽植成活后单位面积内拥有成活苗（芽）数及最适水深作了具体要求。

4.10　立体绿化栽植

4.10.1　本条对立体绿化中乔木、灌木、花卉、地被、草坪栽植成活率检查数量作了具体规定。
4.10.2　本条规定了屋顶绿化栽植的具体要求。明确了屋顶绿化施工应严格按照设计荷载进行施工，以免因超载造成屋顶塌陷；明确了屋顶绿化应有完整的构造层并不能影响房屋原本的安全性、功能性和耐久性，构造层应包括普通防水层、耐根穿刺层、排（蓄）水层、隔离过滤层、种植层、植物材料层，同时明确了上述6层的施工工艺和质量控制要求；明确了乔灌木栽植与屋面边距的要求。
4.10.3　本条规定了垂直绿化栽植的具体要求。明确了构件绿墙和墙面贴植的施工工艺和质量控制要求。

4.11　施工期养护

4.11.1～4.11.2　上述条文对苗木施工期养护提出了具体的要求，应严格执行以满足苗木的成活率和生长势符合竣工验收质量要求。

5 园林小品工程

5.2 广场和路面铺装

5.2.10 当设计无要求时,主路纵坡不宜大于8%,支路、小路纵坡不宜大于18%。踏步应设残疾人坡道并设扶手。园路宽度宜不小于0.9m。

5.2.11 本条参照了现行国家标准《公园设计规范》GB 51192。喷水池边应有防滑措施;傍水园路水深超过0.7m,设计无要求时,栏杆高度应大于1.05m。

5.2.13 整体面层的施工工艺及质量要求,包括细石混凝土(压膜路面)及透水混凝土面层、卵石面层、水磨石(水洗石)面层、自然块石面层、冰梅面层、花街铺地面层。

5.3 假山叠石工程

5.3.20 规定了叠石贴壁处应用C20混凝土灌密实。壁石应在墙壁内设预埋铁件,以钩托壁石块使其连接牢固。

5.3.22～5.3.23 上述条文是塑山涂层、钢材质量、焊工、喷射水泥、硅酸盐水泥、假山面板及组件、硅酸盐水泥抹灰的质量控制规定。

5.4 理水工程

5.4.6 人工湖超挖部分严禁回填土。深度超过3m,且周边建筑物、管道密集时,应有地质勘探资料。相关规范和规定有《堤防工程施工规范》SL 260、《堤防工程施工质量评定与验收规程(试行)》SL 239、《居住区环境景观设计导则》。

5.5 园林木构件工程

5.5.1 园林木构件是指在园林绿地中用木材制作的构件,主要指木花架、木栈道、木亭、木栏杆等小型木构件。大型的木构件制作与安装参照木结构建筑相关标准执行。

5.5.2 木材应选择材质较好,不宜开裂、耐腐蚀的树种,色泽应力求统一,含水率应符合现行国家标准《木结构质量验收规范》GB 50206 的规定。

6 园林电气安装工程

6.1 一般规定

6.1.1 电缆的规格、型号变更可能对使用功能、安全性能产生影响。因此,需要变更的电缆应符合原设计要求并出具相应的变更文件,确保电缆使用功能正常和安全可靠。

6.1.2 电缆的规格、型号、数量、位置间距等在电缆埋入地下后很难发现质量问题。因此,在完成电缆敷设时必须进行隐蔽工程的验收,以确保质量合格、安全可靠。

6.2 电缆敷设

6.2.1 本条明确了电缆必须有出厂的合格证明文件和相应的检测报告,并对合格证的要求作了具体的规定。

6.3 园林灯具安装

6.3.3 本条对灯具安装质量要求、检验方法、检查数量作了具体的规定,灯具必须有专门接地螺栓进行接地,每个回路末端需要做重复接地;园林景观灯具都是在室外,为了保证安全,每个电回路用电开关需要装设漏电保护。

6.3.4 水下灯电压规定必须12V。水下灯导线接头必须装设防水接线盒,不能使用防水胶带。

6.4 配电柜、控制柜和配电箱的安装

6.4.1~6.4.4 上述条文对配电柜、控制柜和配电箱的安装要求作了具体的规定。

6.5 通电试验

6.5.1 本条所列要求是检查安装工程的外观质量检查,是检查、试运行前应该达到的基本要求。

6.5.2 本条所列要求是安装工程最终达到的质量要求,只有满足了这些要求才能保证以后的安全运行。

7 园林给排水工程

7.1 一般规定

7.1.2 进场材料的验收对提高工程质量是非常必要的,在对品种、规格、外观加强验收的同时,应对材料包装表面情况及外力冲击进行重点检验。

7.1.3 进场的主要器具和设备应有安装使用说明书,是抓好工程质量的重要一环。调研中了解到,器具和设备在安装上不规范、不正确的安装满足不了使用功能的情况时有出现,运行调试不按程序进行导致器具和设备的损坏。在运输、保管和施工过程中对器具和设备的保护也很重要,措施不得当,就有损坏和腐蚀情况。

7.1.4 调研中了解到,目前国内小型阀门厂很多,但质量问题也很多,此条款保护了国内大企业或合资企业阀门质量相对较好的产品。

7.1.5~7.1.6 管网铺设及安装,明确要求质量控制。

7.1.7 窨井井盖应与周边景观协调,不得高出绿地且有一定的景观效果。

7.2 沟槽开挖

7.2.1 施工时应采取措施避免沟槽超挖,遇有某种原因,造成槽底局部超挖且不超过150mm时,施工单位可按本条规定处理。

7.3 给水管道安装

7.3.1 要求铺设的给水管道必须制定可靠的措施才能进行施工。

7.3.2 为使管道远离污染源,界定此条。

7.3.3 法兰、卡扣、卡箍等是管道可拆卸的连接件,埋在土壤中,这些管件必定会锈蚀,挖出后再拆卸已不可能。即或不挖出、不做拆卸,这些管件所在部位已必然成为管道的易损部位,从而影响管道的寿命。

7.3.4 条文中规定的尺寸是从便于安装和检修考虑确定的。

7.3.5 对管网进行水压试验,是确保系统能够正常使用的关键,条文中规定的试验压力值及不同管材的试压检验方法是依据多年的施工实践,在广泛征求各方意见的基础上综合制定的。

7.3.6 本条文中镀锌钢管系指输送饮用水所采用的热镀锌钢管,钢管系指输送消防给水用的无缝或有缝钢管。镀锌钢管和钢管埋地铺设时为提高使用年限,外壁必须采取防腐蚀措施。目前常用的管外壁防腐蚀涂料有沥青漆、环氧树脂漆、酚醛树脂漆等;涂覆方法可采用刷涂、喷涂、浸涂等。本条文的表7.4.6中给定的是多年沿用的老办法,但因其价格廉、易操作、适用性好等特点仍采用,表中防腐层厚度可供涂覆其他防腐涂料时参考(对球墨铸铁给水管要求外壁必须刷沥青漆防腐)。

7.3.7 对输送的管道进行冲洗是做好清洁的关键环节。

7.3.9 条文的规定是本着既实用可行,又能起到控制质量的情况下给出的。

7.3.10 目前给水塑料管的强度和刚度大都比钢管和给水铸铁管差,调查中发现,管径≥50mm的给水塑料管道由于其管道上的阀门安装时没采取相应的辅助固定措施,在多次开启或拆卸时,多数引起了管道破损漏水的情况发生。

7.3.11 从便于检修操作和防止渗漏污染考虑预留的距离。

7.4 排水管道安装

7.4.1 找好坡度直接关系排水管道的使用功能,故严禁无坡或倒坡。

7.4.2 排水管道中虽无压,但不应渗漏,长期渗漏处可导致管基下沉,管道悬空,因此要求在施工过程中,在两检查井间管道安装完毕后,应做灌水试验。通水试验是检验排水使用功能的手段,随着从上游不断向下游做灌水试验的同时,也检验了通水的能力。

7.4.3 排水系统的管沟及井室的土方工程、沟底的处理、管道井壁处的处理、管沟及井池周围的回填要求等与给水系统的对应要求相同,因此确定执行同样规则。

7.4.4 排水应采用雨污分流制,符合相关排水规定。

7.4.5 条文中的规定是本着既满足实际,又适当放宽情况下给出的。

7.4.6 承插接口的排水管道安装时,要求管道和管件的承口应与水流方向相反,是为了减少水流的阻力,减少水流对接口材料的压力(或冲刷力),从而保持抗漏能力,提高管网使用寿命。

7.4.7 新的《混凝土低压排水管》JC/T 923 颁布以来,各种预应力混凝土管都已被广泛用于排水管道;钢筋混凝土管的接口也普遍采用了承插口、企口及钢套筒等插入方式连接,采用橡胶圈的柔性接头钢筋混凝土管,不但施工简便,缩短了施工工期,而抵抗地基变形能力强。

7.6 沟槽回填

7.6.1～7.6.3 回填材料质量直接影响管道施工质量,必须严格控制。上述条文对回填材料质量作出了具体规定。

7.7 喷灌系统的安装

7.7.1～7.7.6 园林工程中绿地喷灌系统及喷头安装,要求定位准确,射程符合要求,接头无渗漏。

7.7.7 每条管道安装完成后,可先在非连接点部位填压适量堆土,固定管道。待系统试压冲洗结束后正式回填。